Imagine Infinite!

창의영재수학

아이앤아이

영재들의 수학여행

Math Travel

초급 초등 3~5학년

F 문제해결력 칠레편

창의영재수학

아이앤아이

영재들의 수학여행

Math Travel

01 수학 여행 테마로 수학 사고력 활동을 자연스럽게 이어갈 수 있도록 하였습니다.

02 키즈 - 입문 - 초급 - 중급 - 고급으로 이어지는 단계별 창의 영재 수학 학습 시리즈입니다.

03 각 챕터마다 기초 - 심화 - 응용의 문제 배치로 쉬운 것부터 차근차근 문제해결력을 향상시킵니다.

04 각종 수학 사고력, 창의력 문제, 지능검사 문제, 대회 기출 문제 등을 체계적으로 정밀하게 다듬어 정리하였습니다.

05 과학, 음악, 미술, 영화, 스포츠 등에 관련된 융합형(STEAM) 수학 문제를 흥미롭게 다루었습니다.

06 단계적 학습으로 창의적 문제해결력을 향상시켜 영재교육원에 도전해 보세요.

교재 구성

키즈 (6세 7세 초1)

A (수)	B (연산)	C (도형)	D (측정)	E (규칙)	F (문제해결력)	G (워크북)
수와 숫자 수 비교하기 수 규칙 수 퍼즐	가르기와 모으기 덧셈과 뺄셈 식 만들기 연산 퍼즐	평면도형 입체도형 위치와 방향 도형 퍼즐	길이와 무게 비교 넓이와 들이 비교 시계와 시간 부분과 전체	패턴 이중 패턴 관계 규칙 여러 가지 규칙	모든 경우 구하기 분류하기 표와 그래프 추론하기	수 연산 도형 측정 규칙 문제해결력

입문 (초1~3)

A (수와 연산)	B (도형)	C (측정)	D (규칙)	E (자료와 가능성)	F (문제해결력)	G (워크북)
수와 숫자 조건에 맞는 수 수의 크기 비교 합과 차 식 만들기 벌레 먹은 셈	평면도형 입체도형 모양 찾기 도형 나누기와 움직이기 쌓기나무	길이 비교 길이 재기 넓이와 들이 비교 무게 비교 시계와 달력	수 규칙 여러 가지 패턴 수 배열표 암호 새로운 연산 기호	경우의 수 리그와 토너먼트 분류하기 그림 그려 해결하기 표와 그래프	문제 만들기 주고 받기 어떤 수 구하기 재치있게 풀기 추론하기 미로와 퍼즐	수와 연산 도형 측정 규칙 자료와 가능성 문제해결력

초급 (초3~5)

A (수와 연산)	B (도형)	C (측정)	D (규칙)	E (자료와 가능성)	F (문제해결력)
수 만들기 수와 숫자의 개수 연속하는 자연수 가장 크게, 가장 작게 도형이 나타내는 수 마방진	색종이 접어 자르기 도형 붙이기 도형의 개수 쌓기나무 주사위	길이와 무게 재기 시간과 들이 재기 덮기와 넓이 도형의 둘레 원	수 패턴 도형 패턴 수 배열표 새로운 연산 기호 규칙 찾아 해결하기	가짓수 구하기 리그와 토너먼트 금액 만들기 가장 빠른 길 찾기 표와 그래프(평균)	한붓 그리기 논리 추리 성냥개비 다른 방법으로 풀기 간격 문제 배수의 활용

중급 (초4~6)

A (수와 연산)	B (도형)	C (측정)	D (규칙)	E (자료와 가능성)	F (문제해결력)
복면산 수와 숫자의 개수 연속하는 자연수 수와 식 만들기 크기가 같은 분수 여러 가지 마방진	도형 나누기 도형 붙이기 도형의 개수 기하판 정육면체	수직과 평행 다각형의 각도 접기와 각 붙여 만든 도형 단위 넓이의 활용	규칙성 찾기 도형과 연산의 규칙 규칙 찾아 개수 세기 교점과 영역 개수 수 배열의 규칙	경우의 수 비둘기집 원리 최단 거리 만들 수 있는, 없는 수 평균	논리 추리 님 게임 강 건너기 창의적으로 생각하기 효율적으로 생각하기 나머지 문제

고급 (초6~중등)

A (수와 연산)	B (도형)	C (측정)	D (규칙)	E (자료와 가능성)	F (문제해결력)
연속하는 자연수 배수 판정법 여러 가지 진법 계산식에 써넣기 조건에 맞는 수 끝수와 숫자의 개수	입체도형의 성질 쌓기나무 도형 나누기 평면도형의 활용 입체도형의 부피, 겉넓이	시계와 각도 평면도형의 활용 도형의 넓이 거리, 속력, 시간 도형의 회전 그래프 이용하기	암호 해독하기 여러 가지 규칙 여러 가지 수열 연산 기호 규칙 도형에서의 규칙	경우의 수 비둘기집 원리 입체도형에서의 경로 영역 구분하기 확률	홀수와 짝수 조건 분석하기 다른 질량 찾기 뉴튼산 작업 능률

책의 구성과 활용

단원들어가기

친구들의 수학여행(Math Travel)과 함께 단원이 시작됩니다. 여행지에서 수학문제를 발견하고 창의적으로 해결해 나갑니다.

아이앤아이 수학여행 친구들

전 세계 곳곳의 수학 관련 문제들을 풀며 함께 세계여행을 떠날 친구들을 소개할게요!

무우

팀의 맏리더, 행동파 리더.

에너지 넘치는 자신감과 우한 긍정으로 팀원에게 격려와 응원을 아끼지 않는 팀의 맏형, 솔선수범하는 믿음직한 해결사예요.

상상

팀의 챙김이 언니, 아이디어 뱅크.

감수성이 풍부하고 공감력이 뛰어나 동생들의 고민을 경청하고 챙겨주는 맏언니예요.

알알

진지하고 생각많은 똑똑이 알알이.

겁 많고 부끄럼 많고 소심하지만 관찰력이 뛰어나고 생각 깊은 아이에요. 야무진 성격을 보여주는 알밤머리와 주근깨 가득한 통통한 볼이 특징이에요.

제이

궁금한게 많은 막내 엉뚱이 제이.

엉뚱한 질문이나 행동으로 상대방에게 웃음을 주어요. 주위의 것을 놓치고 싶지 않은 장난기가 가득한 매력덩어리입니다.

단원살펴보기

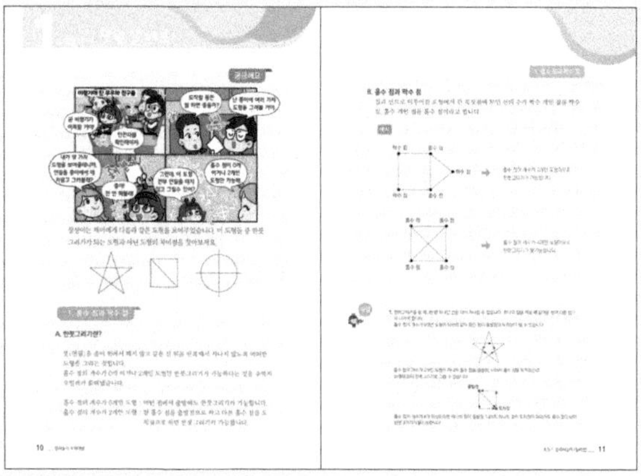

단원의 주제되는 내용을 정리하고 '궁금해요' 문제를 풀어봅니다.

대표문제

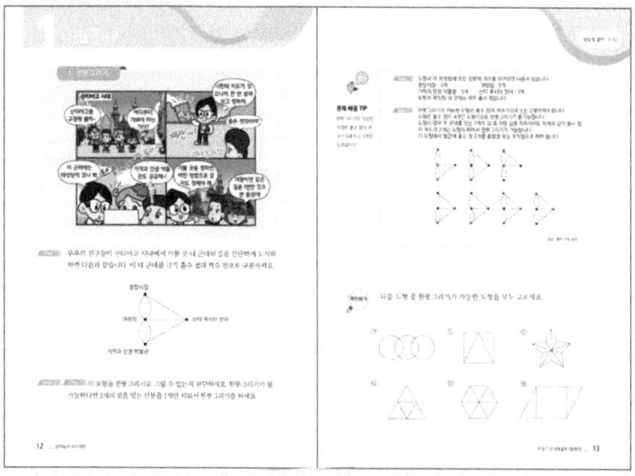

대표되는 문제를 단계적으로 해결하고 '확인하기' 문제를 풀어봅니다.

연습문제

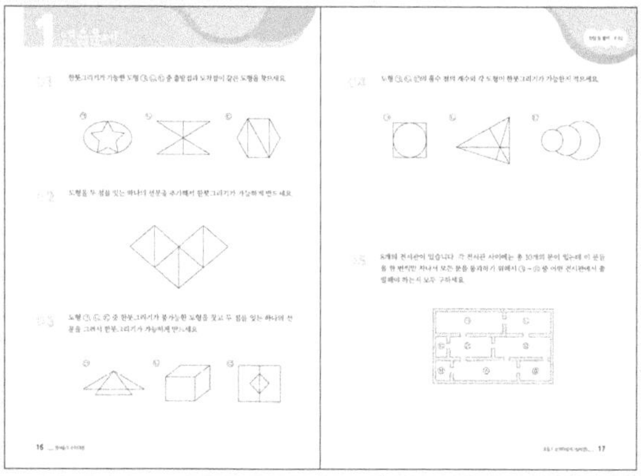

단원살펴보기 및 대표문제에서 익힌 내용을 알차게 구성된 사고력 문제를 통해 점검하며 주제에 대한 탄탄한 기본기를 다집니다.

심화문제

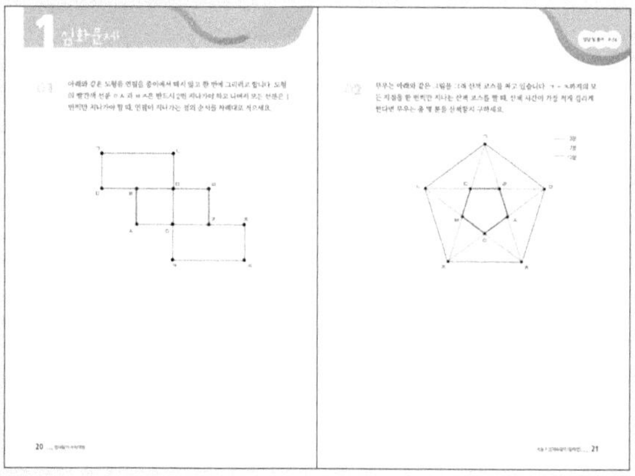

단원에 관련된 문제의 이해와 응용력을 바탕으로 창의적 문제 해결력을 기릅니다.

창의적문제해결수학

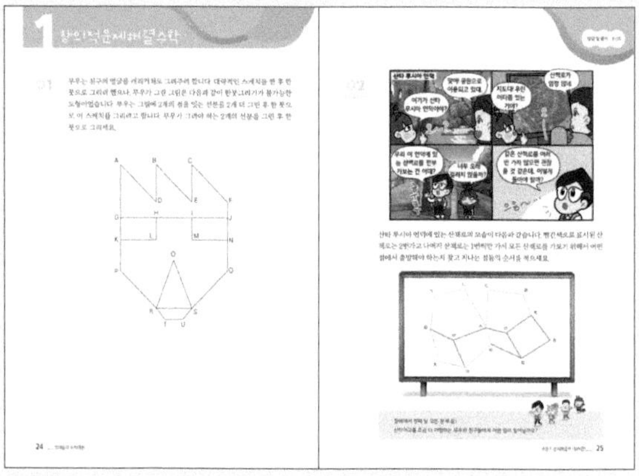

창의력 응용문제, 융합문제를 풀며 해당 단원 문제에 자신감을 가집니다.

정답 및 풀이

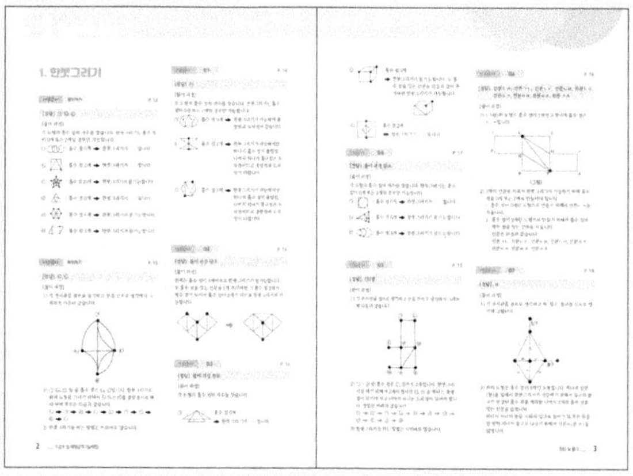

상세한 풀이과정과 함께 수학적 사고력을 완성합니다.

차례
CONTENTS

초급 초등3~5학년 F 문제해결력

쾨니히스베르크의 다리

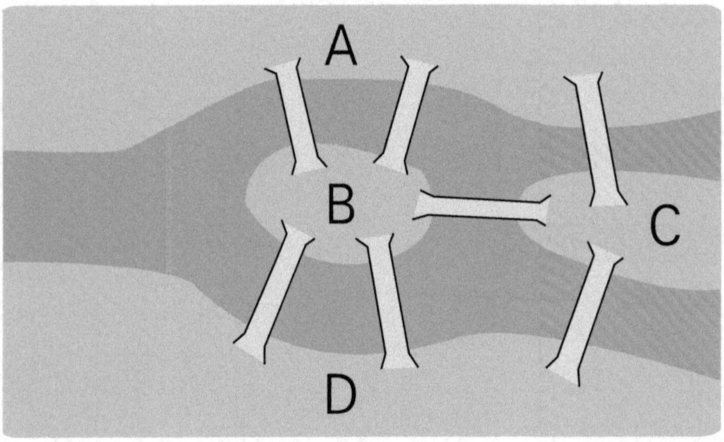

〈그림 : 프레겔 강〉

독일의 옛 도시인 쾨니히스베르크에는 프레겔이라는 강이 흐르고 있었습니다.
이 강으로 인해 쾨니히스베르크는 크게 A와 D 두 부분으로 나누어지고 프레겔 강에는 B와 C 두 개의 섬이 있었습니다.
이 강에는 그림과 같이 A, B, C, D 네 부분을 잇는 7개의 다리가 있었습니다.
이 도시의 사람들은 다리를 건너며 산책하는 것을 좋아했는데 산책하는 도중 사람들은 아래와 같은 생각을 하게 되었습니다.

' 일곱 개의 다리를 한 번씩만 지나는 산책 루트가 있을까? '

과연 그런 산책 루트가 존재할까요?

1. 한붓그리기

공항에 도착한 무우와 친구들
지금부터 칠레로 출발~!
신난다!
비행기를 타러 가자!
앗! 공항 면세 점이네. 조금만 구경하고 가자!
겹치지 않고 한 곳씩 둘러 보고 싶은데…. 어떻게 하지?
면세점의 약도를 보니 한붓그리기를 할 수 있을 것 같은 걸?
가게
가게
가게
가게
오~!
손을 떼지 않고 그릴 수 있네?
약도의 도형이 한붓 그리기가 가능하니까, 겹치지 않고 가게를 가볼 수 있을 거야.
엣헴
히히
잘됐다! 비행기가 뜨기 전에 어서 가보자!

산티아고
칠레
Chile

칠레 첫째 날 DAY 1

무우와 친구들은 칠레에 도착한 첫째 날, 칠레의 <산티아고>에 도착했어요. 무우와 친구들은 산티아고에 있는 <기억과 인권 박물관>, <산타 루시아 언덕>을 여행할 예정이에요. 자, 그럼 <산티아고> 에서 만나게 될 수학 문제를 함께 풀어볼까요?

궁금해요

비행기에 탄 무우와 친구들
곧 비행기가 이륙할 거야!
철컥
안전띠를 확인해야지.
도착할 동안 뭘 하면 좋을까?
난 종이에 여러 가지 도형을 그려볼 거야.
종이를 챙겨왔지~
내가 몇 가지 도형을 보여줄테니까, 연필을 종이에서 떼지말고 그려볼래?
종이 받아!
좋아! 한 번 해볼래!
재미있겠다!
잠시후...
그런데, 이 도형 전부 연필을 떼지 않고 그릴수 있어?
홀수 점이 0개 이거나 2개인 도형만 가능해.
히히

상상이는 제이에게 다음과 같은 도형을 보여주었습니다. 이 도형들 중 한붓그리기가 되는 도형과 아닌 도형의 차이점을 찾아보세요.

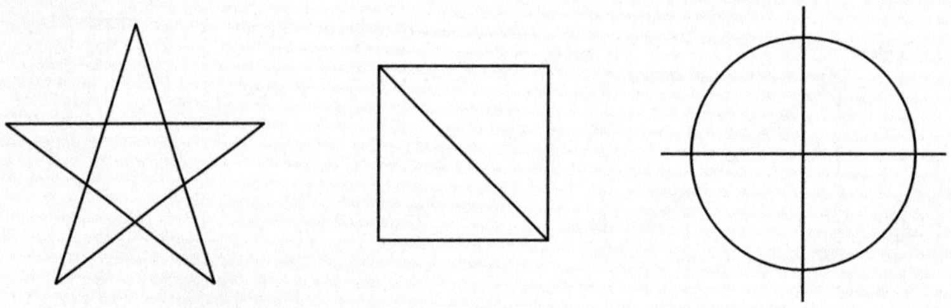

1. 홀수 점과 짝수 점

A. 한붓그리기란?

붓(연필)을 종이 위에서 떼지 않고 같은 선 위를 반복해서 지나지 않도록 어떠한 도형을 그리는 것입니다.
홀수 점의 개수가 0개이거나 2개인 도형만 한붓그리기가 가능하다는 것을 수학자 오일러가 밝혀냈습니다.

홀수 점의 개수가 0개인 도형 : 어떤 점에서 출발해도 한붓그리기가 가능합니다.
홀수 점의 개수가 2개인 도형 : 한 홀수 점을 출발점으로 하고 다른 홀수 점을 도착점으로 하면 한붓그리기가 가능합니다.

B. 홀수 점과 짝수 점

점과 선으로 이루어진 도형에서 한 꼭짓점에 모인 선의 수가 짝수 개인 점을 짝수 점, 홀수 개인 점을 홀수 점이라고 합니다.

예시

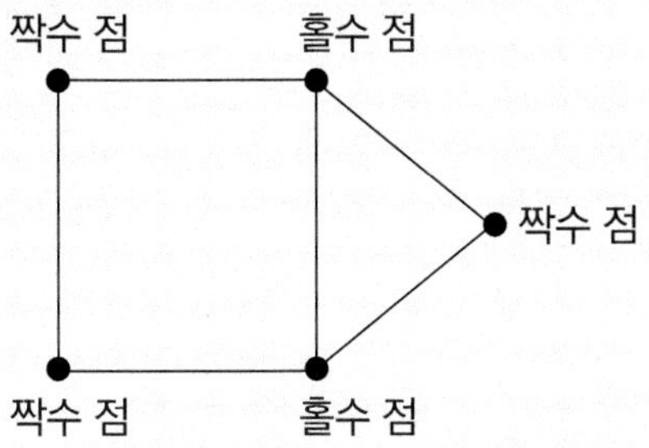

→ 홀수 점의 개수가 2개인 도형이므로 한붓그리기가 가능합니다.

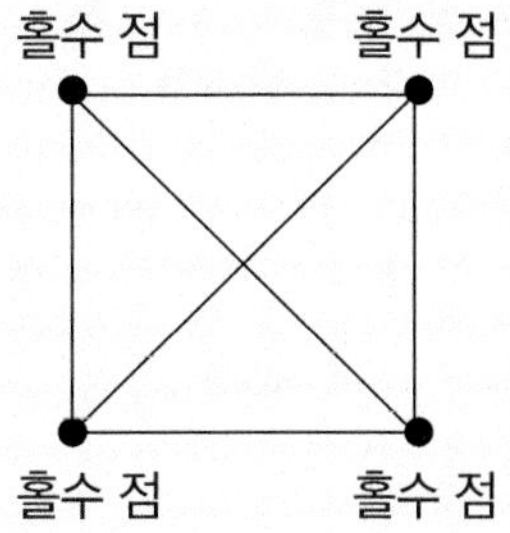

→ 홀수 점의 개수가 4개인 도형이므로 한붓그리기가 불가능합니다.

한붓그리기를 할 때, 한 번 지나간 선은 다시 지나갈 수 없습니다. 하나의 점을 지날 때 들어온 선과 다른 선으로 나가야 합니다.

홀수 점의 개수가 0개인 도형은 아래와 같이 모든 점이 출발점과 도착점이 될 수 있습니다.

홀수 점의 개수가 2개인 도형은 하나의 홀수 점을 출발점, 나머지 홀수 점을 도착점으로 아래와 같이 한붓그리기로 그릴 수 있습니다.

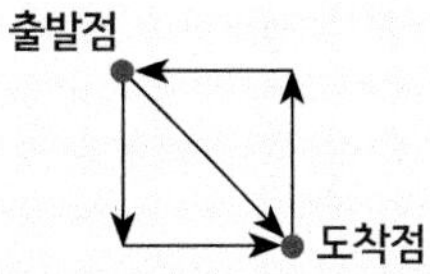

홀수 점의 개수가 3개 이상이라면 하나의 점이 출발점, 나머지 하나의 점이 도착점이 되더라도 홀수 점이 남아 한붓그리기가 불가능합니다.

1 대표문제

1. 한붓그리기

산티아고 시내
산티아고를 구경해 볼까~
어디부터 가봐야 하는 거야?
나한테 지도가 있으니까. 한 번 살펴보고 정하자.
짜잔~!
좋은 생각이야!
이 근처에는 대성당이 있나 봐.
흐음~?
기억과 인권 박물관도 궁금해~!
가볼 곳을 정하면, 어떤 방법으로 갈지도 정해야 해.
이왕이면 같은 길은 1번만 갔으면 좋겠어!

Step 1 무우와 친구들이 산티아고 시내에서 가볼 곳 네 군데와 길을 간단하게 도식화하면 다음과 같습니다. 이 네 군데를 각각 홀수 점과 짝수 점으로 구분하세요.

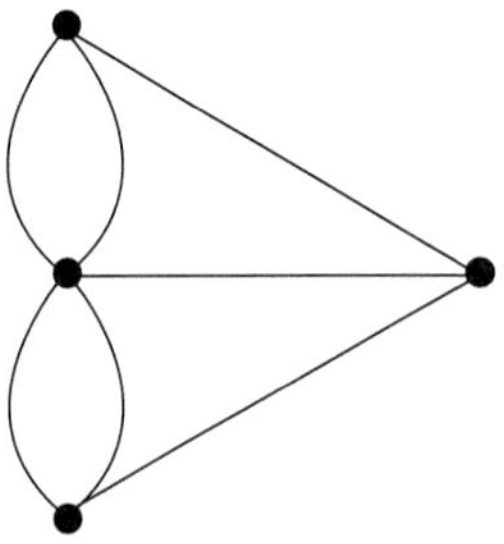

중앙시장
대성당
산타 루시아 언덕
기억과 인권 박물관

Step 2 Step 1 의 도형을 한붓그리기로 그릴 수 있는지 판단하세요. 한붓그리기가 불가능하다면 2개의 점을 잇는 선분을 1개만 지워서 한붓그리기를 하세요.

풀이

문제 해결 TIP

한붓그리기가 가능한 도형은 홀수 점의 개수가 0개 또는 2개인 도형입니다.

Step 1 도형의 각 꼭짓점에 모인 선분의 개수를 적어보면 다음과 같습니다.
중앙시장 : 3개 대성당 : 5개
기억과 인권 박물관 : 3개 산타 루시아 언덕 : 3개
도형의 꼭짓점 네 군데는 모두 홀수 점입니다.

Step 2 한붓그리기가 가능한 도형은 홀수 점의 개수가 0개 또는 2개이어야 합니다.
도형은 홀수 점이 4개인 도형이므로 한붓그리기가 불가능합니다.
도형의 경우 두 군데를 잇는 7개의 길 중 어떤 길을 지우더라도 아래와 같이 홀수 점의 개수가 2개인 도형이 되어서 한붓그리기가 가능합니다.
각 도형에서 빨간색 홀수 점 2개를 출발점 또는 도착점으로 하면 됩니다.

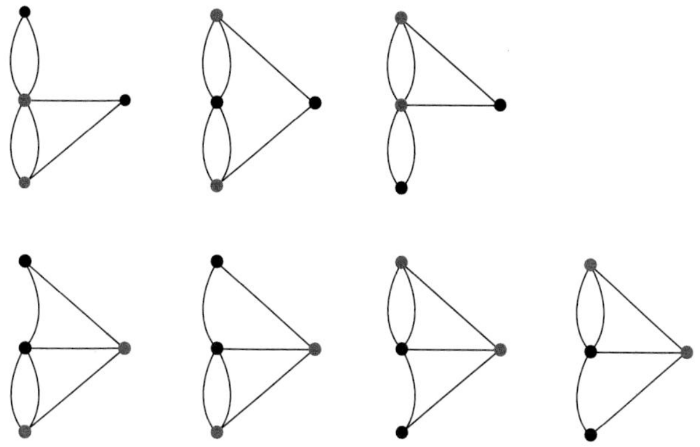

정답 : 풀이 과정 참조

확인하기

다음 도형 중 한붓그리기가 가능한 도형을 모두 고르세요.

㉠
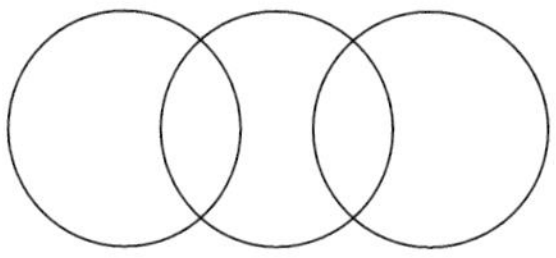

㉡
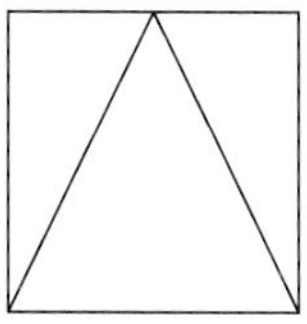

㉢
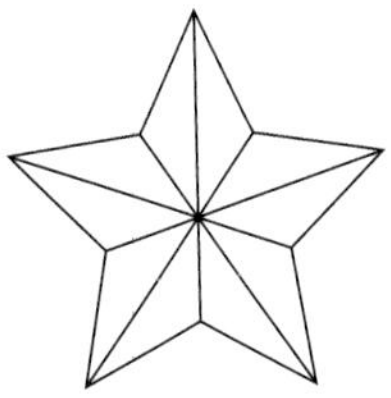

㉣
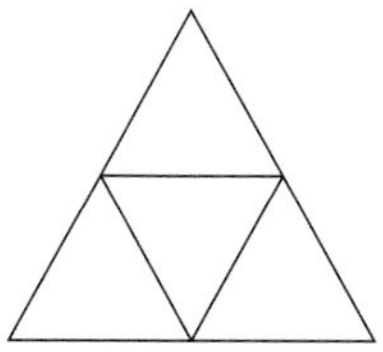

㉤
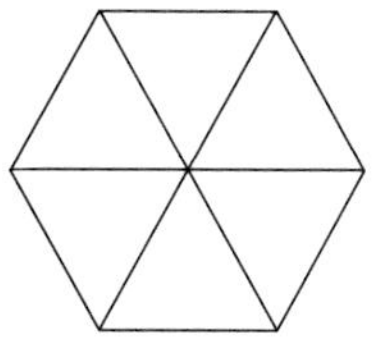

㉥
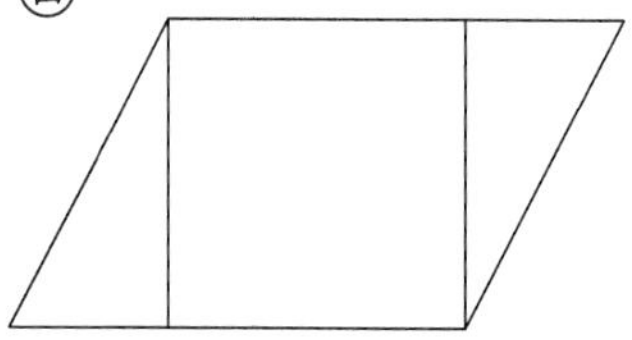

1 대표문제

2. 한붓그리기의 활용

기억과 인권 박물관
와~!
드디어 도착했네!
얼른 들어가 보자~
안내 책자를 챙겨 왔지!
음~..
전시관이 엄청 많네... 전부 구경하고 싶은데.
전시관의 각 문들을 한 번씩 모두 지나갈 수 있도록 관람 루트를 짜보자!
그렇게 하려면 어떤 전시관부터 가야 할까?
한 번 찾아볼까? 한붓그리기랑 비슷하다고 생각하면 돼!
??

무우와 친구들이 박물관의 방과 방 사이에 있는 각 문들을 한 번씩만 지나기 위해선 어떤 전시관에서 출발해야 할까요?

Step 1 박물관의 내부 지도가 다음과 같습니다. 각 전시관을 점으로 생각하고 방과 방 사이에 있는 문을 선분으로 생각해서 도형을 그리세요.

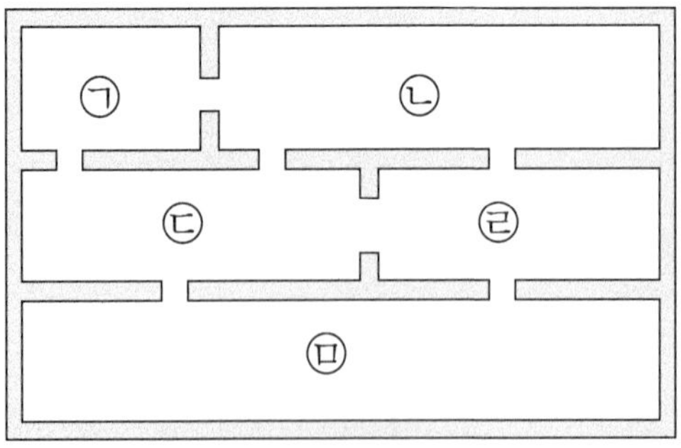

㉠
㉡
㉢
㉣
㉤

Step 2 모든 문들을 한 번씩만 통과하기 위해서는 ㉠ ~ ㉤ 중 어떤 전시관에서 출발해야 할지 모두 구하세요.

풀이

문제 해결 TIP

홀수 점은 출발점 또는 도착점이 되어야 합니다.

Step 1 각 전시관을 점으로 생각하고 방과 방 사이에 있는 문을 선분으로 생각하면 아래와 같은 도형을 그릴 수 있습니다. 그리는 방법에 따라 도형의 모양은 다를 수 있습니다.

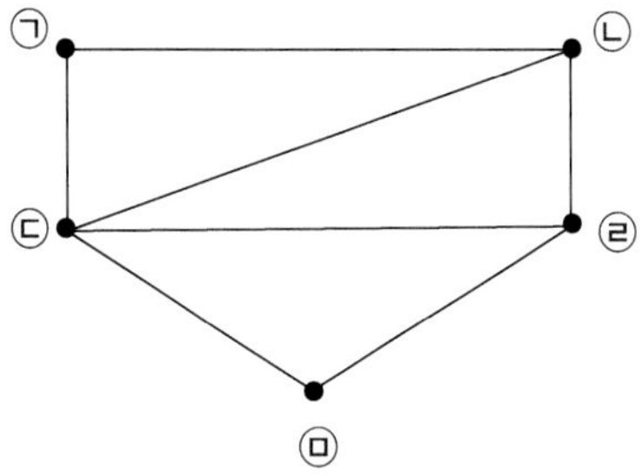

Step 2 각 전시관이 홀수 점인지 짝수 점인지 확인하기 위해서 각 점에 연결된 선의 개수를 구합니다.
㉠ : 2개 ㉡ : 3개 ㉢ : 4개 ㉣ : 3개 ㉤ : 2개
한붓그리기는 홀수 점이 0개 또는 2개일 때 가능하고 도형은 홀수 점이 2개인 도형이므로 한붓그리기를 할 수 있습니다.
홀수 점이 2개인 도형을 한붓그리기로 그리기 위해서 하나의 홀수 점은 출발점, 나머지 하나의 홀수 점은 도착점이 되어야 합니다. 따라서 전시관 ㉡ 또는 전시관 ㉣에서 출발하면 아래와 같이 한붓그리기를 할 수 있습니다.

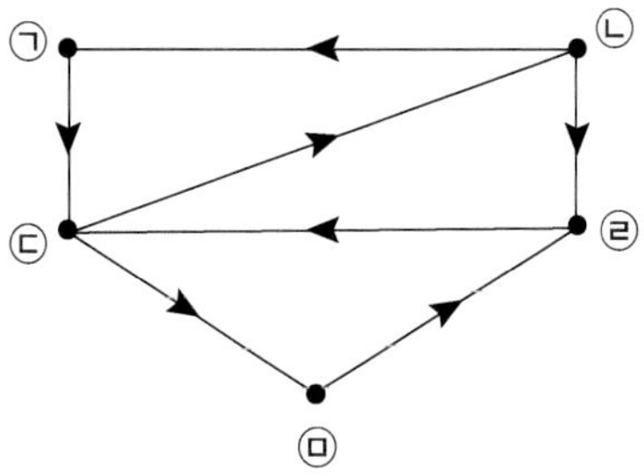

㉡ → ㉠ → ㉢ → ㉤ → ㉣ → ㉢ → ㉡ → ㉣
이와 같은 방법 외에도 한붓그리기를 할 수 있는 방법은 여러 가지가 있습니다.

정답 : 풀이 과정 참조

확인하기

다음과 같이 생긴 박물관의 지도가 있습니다. 각 전시관 사이에 있는 모든 문을 한 번씩만 지나가기 위해서 ㉠ ~ ㉣ 중 어느 전시관에서 출발해야 할지 모두 적으세요.

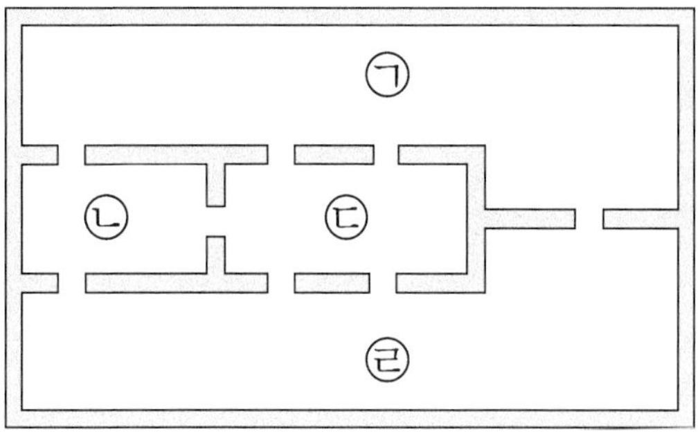

1 연습문제

01 한붓그리기가 가능한 도형 ㉠, ㉡, ㉢ 중 출발점과 도착점이 같은 도형을 찾으세요.

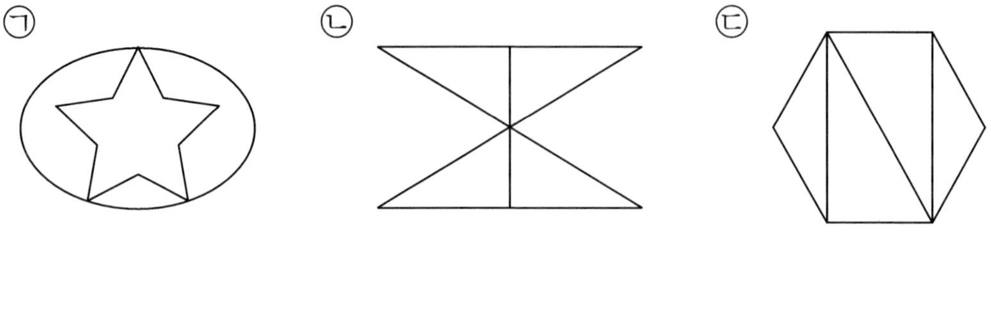

02 도형에 두 점을 잇는 하나의 선분을 추가해서 한붓그리기가 가능하게 만드세요.

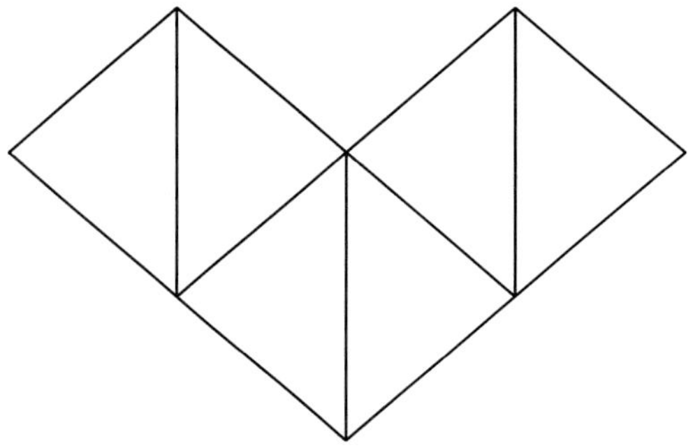

03 도형 ㉠, ㉡, ㉢ 중 한붓그리기가 불가능한 도형을 찾고 두 점을 잇는 하나의 선분을 그려서 한붓그리기가 가능하게 만드세요.

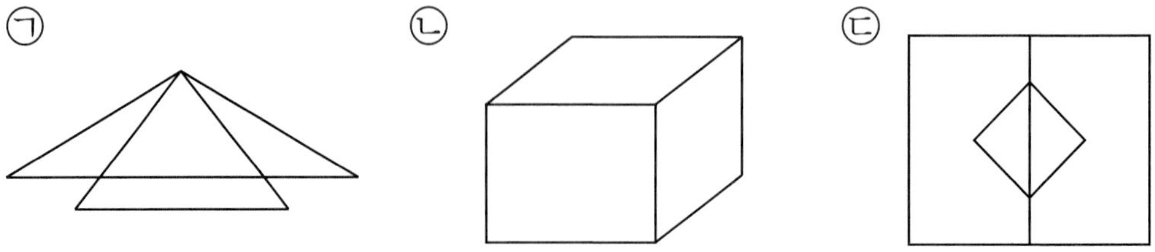

04 도형 ㉠, ㉡, ㉢의 홀수 점의 개수와 각 도형이 한붓그리기가 가능한지 적으세요.

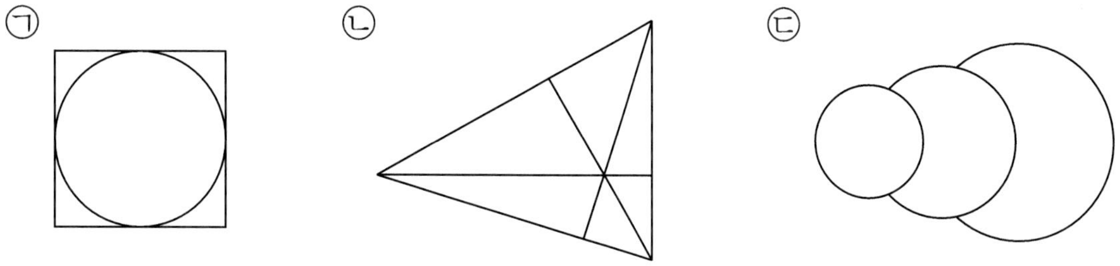

05 8개의 전시관이 있습니다. 각 전시관 사이에는 총 10개의 문이 있는데 이 문들을 한 번씩만 지나서 모든 문을 통과하기 위해서 ㉠ ~ ㉧ 중 어떤 전시관에서 출발해야 하는지 모두 구하세요.

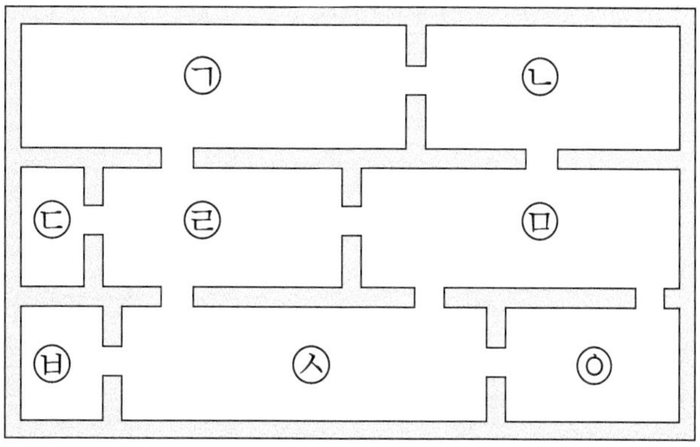

06 다음 도형은 한붓그리기가 가능한 도형입니다. 도형의 선분 중 1개의 선분을 지워서 다시 한붓그리기가 가능한 도형으로 만들려고 합니다. 지워야 하는 선분을 5개 이상 적으세요.

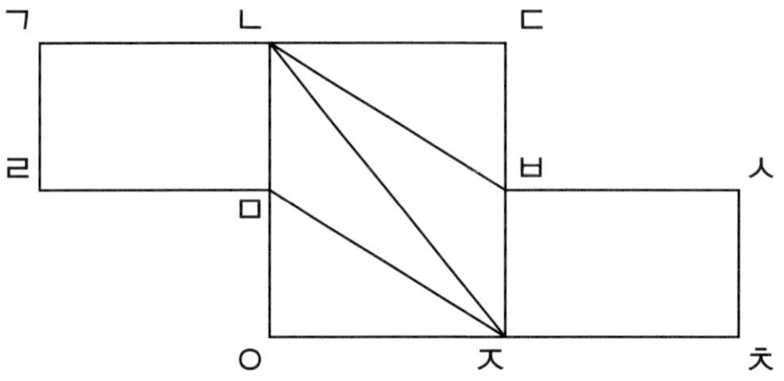

07 다음과 같이 생긴 박물관의 지도가 있습니다. 이 박물관의 입구로 들어가서 ㄱ ~ ㅇ까지의 모든 문을 한 번씩만 지나서 출구로 나올 수 있는지 확인하세요. 불가능하다면 하나의 문을 없애서 가능하게 만드세요.

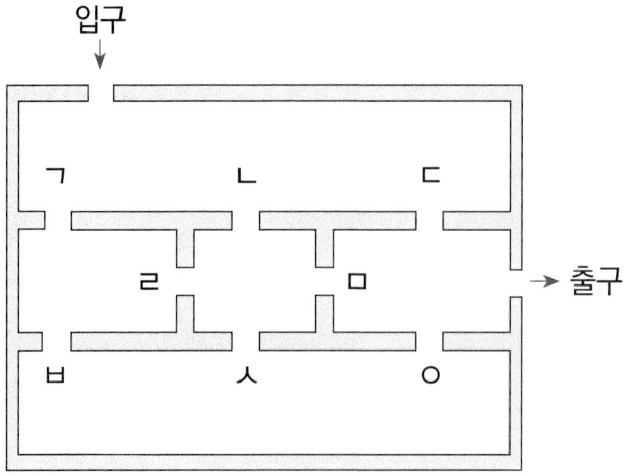

08 다음 도형을 연필을 종이에서 떼지 않고 한 번에 그리려고 합니다. 도형에서 빨간색 선분 ㄱㄴ은 반드시 2번 지나가고 나머지 모든 선분은 한 번씩만 지나가야 할 때, 연필이 지나가는 점의 순서를 차례대로 적으세요.

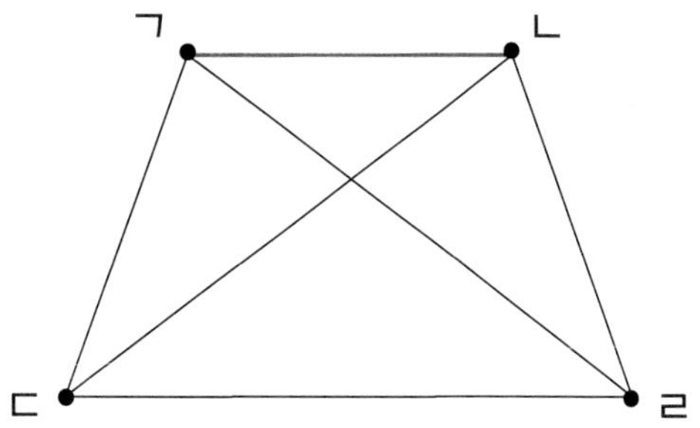

09 사각형 ㅇㅈㅋㅌ와 ㄷㄹㅅㅂ을 제외한 모든 사각형은 정사각형입니다. 어느 한 점에서 출발해서 모든 선분을 지나야 할 때, 가장 짧은 거리를 구하세요. (단, 한 선분을 여러 번 지날 수 있습니다.)

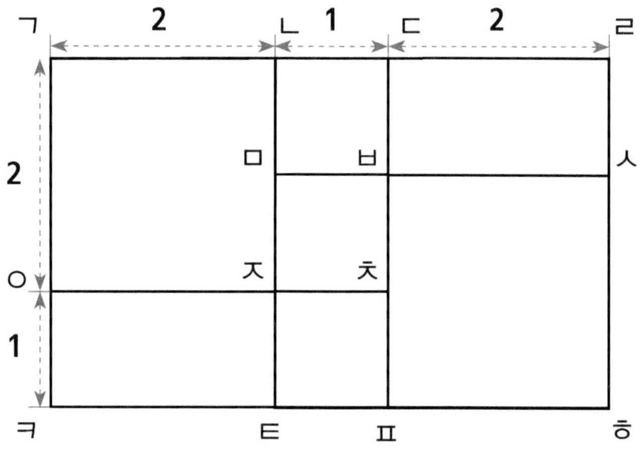

1 심화문제

01 아래와 같은 도형을 연필을 종이에서 떼지 않고 한 번에 그리려고 합니다. 도형의 빨간색 선분 ㄹㅅ 과 ㅂㅈ은 반드시 2번 지나가야 하고 나머지 모든 선분은 1번씩만 지나가야 할 때, 연필이 지나가는 점의 순서를 차례대로 적으세요.

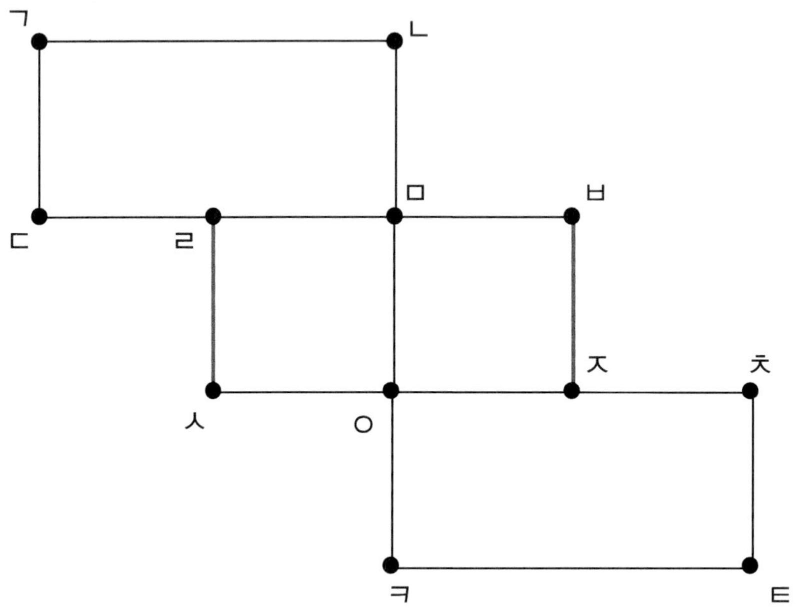

02 무우는 아래와 같은 그림을 그려 산책 코스를 짜고 있습니다. ㄱ ~ ㅊ까지의 모든 지점을 한 번씩만 지나는 산책 코스를 짤 때, 산책 시간이 가장 적게 걸리게 짠다면 무우는 총 몇 분을 산책할지 구하세요.

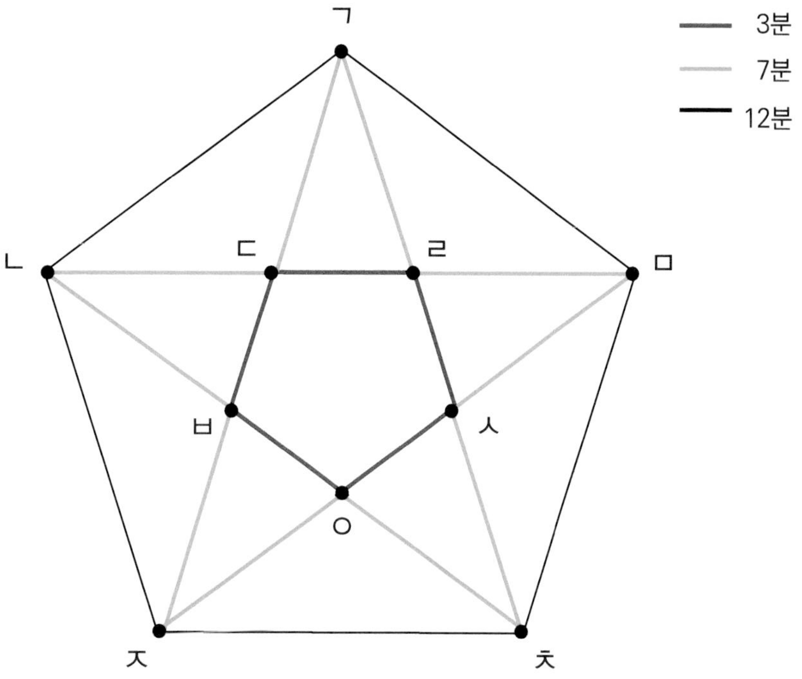

03 도형을 점 ㄱ에서 화살표 방향으로 출발해서 한 붓으로 그리는 방법을 <예>를 제외하고 5가지 이상 구하세요.

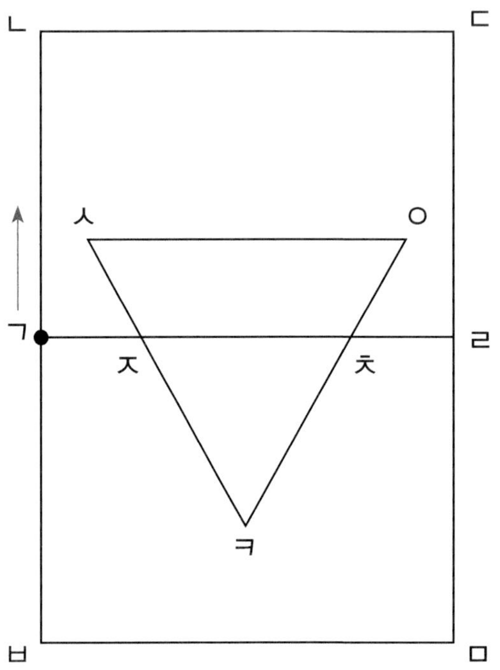

<예> ㄱ - ㄴ - ㄷ - ㄹ - ㅁ - ㅂ - ㄱ - ㅈ - ㅋ - ㅊ - ㅇ - ㅅ - ㅈ - ㅊ - ㄹ

04 무우는 <보기>에 있는 도형에 빨간색 선분을 그어서 <도형>과 같은 모습을 만들고자 합니다. 연필을 종이에서 최소한으로 떼면서 그린다면 연필은 최소 몇 회 떼야 할지 구하세요. (단, <보기> 도형의 변 위로는 연필이 지나갈 수 없고 빨간색 선분은 한 번씩만 지나가야 합니다.)

보기

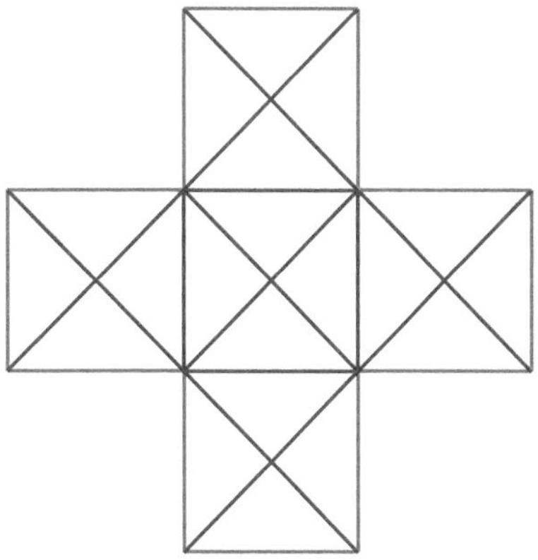

<도형>

01 무우는 친구의 얼굴을 캐리커처로 그려주려 합니다. 대략적인 스케치를 한 후 한 붓으로 그리려 했으나, 무우가 그린 그림은 다음과 같이 한붓그리기가 불가능한 도형이었습니다. 무우는 그림에 2개의 점을 잇는 선분을 2개 더 그린 후 한 붓으로 이 스케치를 그리려고 합니다. 무우가 그려야 하는 2개의 선분을 그린 후 한 붓으로 그리세요.

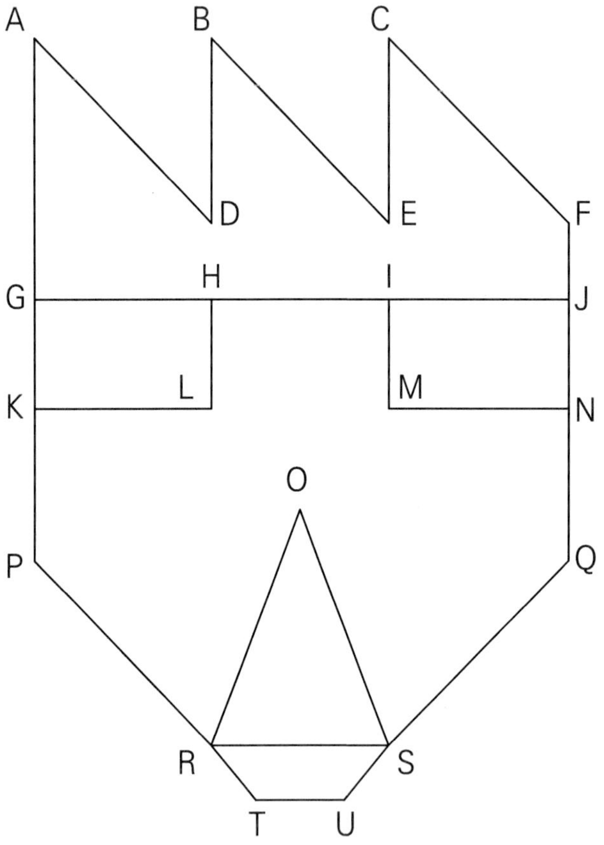

산타 루시아 언덕
여기가 산타 루시아 언덕이야?
맞아! 공원으로 이용되고 있대.
오~?
지도다! 우린 어디쯤 있는 거야?
산책로가 엄청 많네.
오-
우리 이 언덕에 있는 산책로를 전부 가보는 건 어때?
너무 오래 걸리지 않을까?
같은 산책로를 여러 번 가지 않으면 괜찮을 것 같은데.. 어떻게 돌아야 할까?
으음~...

산타 루시아 언덕에 있는 산책로의 모습이 다음과 같습니다. 빨간색으로 표시된 산책로는 2번 가고 나머지 산책로는 1번씩만 가서 모든 산책로를 가보기 위해서 어떤 점에서 출발해야 하는지 찾고 지나는 점들의 순서를 적으세요.

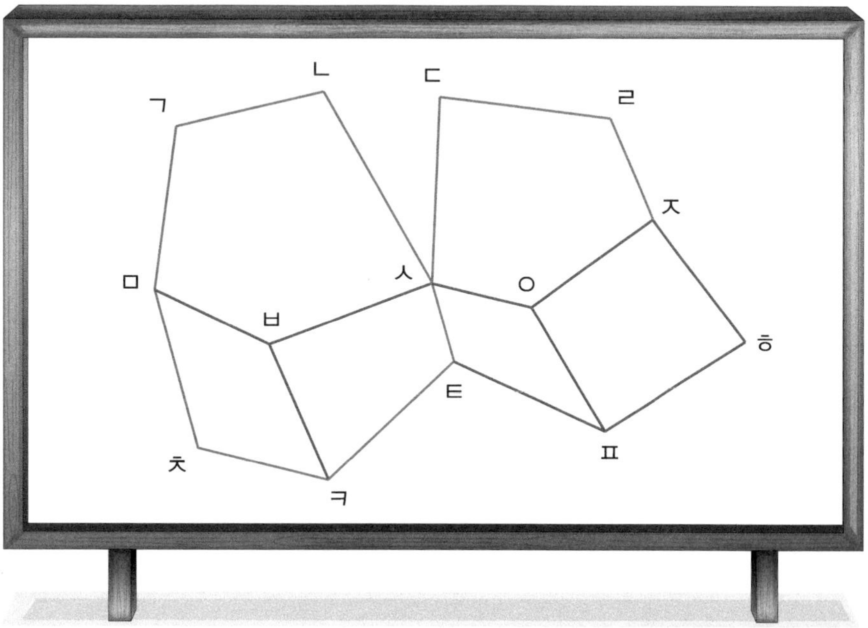
ㄱ
ㄴ
ㄷ
ㄹ
ㅈ
ㅁ
ㅅ
ㅇ
ㅂ
ㅎ
ㅌ
ㅊ
ㅍ
ㅋ

칠레에서 첫째 날 모든 문제 끝!
산티아고를 조금 더 여행하는 무우와 친구들에게 어떤 일이 일어날까요?

명탐정이 되기 위한 방법

탐정은 본래 비밀사항이나 사정을 알아내는 일을 하는 사람을 뜻하여 염탐꾼, 전쟁 중에는 간첩이라고 불리기도 하였습니다.

하지만 소설가 아서 코넌 도일의 소설에 등장한 '셜록 홈즈'라는 명탐정의 출현 이후 각종 추리, 탐정소설이 나오면서 현재의 탐정은 관찰력, 추리력이 뛰어난 사람을 뜻하게 되었습니다.

〈셜록 홈즈〉

'추리'란 알고 있는 것을 바탕으로 알지 못하는 것을 생각하는 과정으로, 주어진 조건을 논리적으로 활용하여 나머지 정보를 최대한 알아내는 것입니다. 실제로 이러한 추리 능력은 범죄 사건 등을 해결하는 데에 유용하게 활용되지만 인간관계 향상에도 도움이 되는 경우가 많습니다.

이러한 추리 능력을 어떻게 높일 수 있을까요?

2. 논리 추리

산티아고 시내에 나온 무우와 친구들
산티아고를 조금 더 돌아다녀 볼까~
좀더 힘내!
너무 좋아~!
앗! 여기 자전거 대여소가 있네. 자전거를 타고 둘러보자.
좋은 생각이야!
잘됐다!
대여소의 자전거는
궁금해!
여기 빈 공간에도 자전거가 있었던 것 같은데?
벽에 조건이 적혀있어. 무슨 색 자전거인지 맞춰보자.
한번 맞춰보자.
빨간색, 노란색, 파란색 순서로 자전거가 놓여있다 했으니, 답은 노란색이네!
에헴
이런 추리는 쉽지~!
히히

산티아고
칠레
Chile

칠레 둘째 날 DAY 2

무우와 친구들은 칠레에 도착한 둘째 날, <산티아고>를 조금 더 둘러보기로 했어요. 산티아고에 있는 <산 크리스토발 언덕>, <놀이공원> 에서 만나게 될 수학 문제는 어떤 것들이 있을까요?

궁금해요

산티아고 시내를 걷는 무우와 친구들
밥부터 먹고 여행지로 가자!
ELLA VISTA
배고파~
좋아! 무엇을 먹을까?
두리번
앗! 저기 좀 봐. 한국 식당이 있어!
한국 식당
와!
한글 간판이 반가운걸? 저기에서 먹자!
어라? 앉을 자리가 없는 것 같은데….
이런~!
4인 자리가 없어!
5인용 식탁엔 자리가 있으니 여기 앉자!
좋아~ 난 상상이 옆에 앉을래!
어서 가자!

무우, 상상, 알알, 제이 총 4명이 5인용 원형 식탁에 조건에 맞춰 앉았을 때, 4명의 친구가 어떻게 앉았을지 적으세요.

조건

1. 알알이의 바로 왼쪽에는 상상이가 앉았습니다.
2. 상상이와 제이는 바로 옆에 앉습니다.
3. 무우는 알알이와 떨어져서 앉습니다.

1. 생각하는 방법

1. 순서 정하기

순서가 정해진 것들에 하나씩 조건을 따져서 추가해가며 전체 순서를 비교하도록 합니다.

예 키 순서를 정할 때, 다음과 같은 2가지 조건이 있는 경우

① A는 B보다 키가 크고 C는 B보다 키가 작습니다. ➔ A > B > C

② D는 C보다 키가 작습니다. ➔ C > D

따라서 4명의 키 순서는 A > B > C > D입니다.

2. 논리표로 정보 찾기

순서가 정해진 것들에 하나씩 조건을 따져서 추가해가며 전체 순서를 비교하도록 합니다.

조건1 A, B, C는 사과, 포도, 딸기 중 각각 서로 다른 한 가지 과일을 좋아합니다.

조건2 A는 사과를 좋아하지 않고 B는 딸기를 좋아합니다.

① 표 만들기

각 가로줄과 세로줄에 대상과 특징을 적어서 표를 만듭니다.

i. 사람은 A, B, C로 모두 3명입니다.

ii. 과일은 사과, 포도, 딸기로 총 3종류입니다.

	사과	포도	딸기
A			
B			
C			

〈표 만들기〉

② O, X 채우기

조건들로 알 수 있는 정보를 O 또는 X를 채워 넣습니다.

i. A는 사과를 싫어합니다.

ii. B는 딸기를 좋아합니다.

	사과	포도	딸기
A	X		
B			O
C			

〈O, X 채우기〉

③ 표 완성하기

각 가로줄, 세로줄에는 O가 1개만 있어야 하므로 나머지 표를 채울 수 있습니다.

i. A는 포도 또는 딸기를 좋아하지만 B가 딸기를 좋아한다고 되어있으므로 A는 포도를 좋아합니다.

ii. A가 포도, B는 딸기를 좋아하고 서로 좋아하는 과일이 모두 다르므로 C는 사과를 좋아합니다.

	사과	포도	딸기
A	X	O	
B			O
C	O		

〈표 완성하기〉

정답

1. 일행들이 앉는 자리를 도형화해서 한 명을 고정하도록 합니다.
➔조건에 많이 나오는 상상이를 고정합니다.

2. 고정한 상상이를 기준으로 앉힐 수 있는 친구를 앉힙니다.
① 알알이의 바로 왼쪽에 상상이가 앉으므로 상상이의 바로 오른쪽에는 알알이가 앉습니다.
② 상상이와 제이는 바로 옆에 앉으므로 상상이의 오른쪽에는 알알이가 앉고 왼쪽에는 제이가 앉습니다.

3. 남은 조건을 이용해서 남은 친구를 앉힙니다. 무우는 알알이와 떨어져서 앉으므로 알알이의 옆자리는 비워두고 제이의 옆자리에 앉습니다.

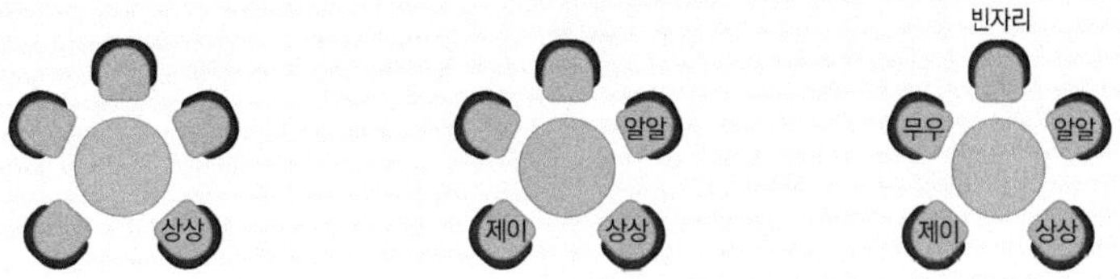

2 대표문제

1. 순서 정하기

산 크리스토발 언덕
정상에 올라가면 시내 전망이 다 보인대!
엄청 높다! 언제 다 올라 가지?
높다~!
푸니쿨라 라는 산악기차를 타고 올라가면 편하지~
이쪽이야!
어서 타러 가자!
금방 도착하겠네~ 너무 편하다!
조금만 더 가면 정상이야!
덜컹
이 계단만 오르면 돼! 정상까지 달리기 내기라도 할까?
좋아! 1등에게 맛있는 거 사주기~!

무우와 친구들이 달리기 경주를 한 결과가 조건과 같았습니다. 동시에 도착한 친구가 없을 때, 친구들이 도착한 순서를 구하세요.

조건

1. 제이는 상상이보다 빨리 달렸습니다.
2. 무우는 상상이보다 늦게 도착했지만 마지막에 들어가진 않았습니다.

Step 1 조건 1을 보고 알 수 있는 친구들이 도착한 순서를 구하세요.

Step 2 **Step 1** 에서 구한 순서와 조건 2를 보고 알 수 있는 친구들이 도착한 순서를 구하세요.

Step 3 나머지 조건을 이용해서 모든 친구가 도착한 순서를 구하세요.

문제 해결 TIP

친구들의 순서를 바로 알 수 있는 조건부터 한가지씩 확인합니다.

Step 1 조건 **1**에서 제이는 상상이보다 빨리 달렸으므로 제이는 상상이보다 먼저 도착했습니다. 두 친구가 도착한 순서는 다음과 같습니다.

제이 — 상상

Step 2 무우는 ⓐ 제이의 앞 또는 ⓑ 제이와 상상이의 사이 또는 ⓒ 상상이의 뒤에 들어갈 수 있습니다. 조건 **2**에서 무우는 상상이보다 늦게 도착했으므로 제이, 상상, 무우가 도착한 순서는 다음과 같습니다.

제이 — 상상 — 무우

Step 3 알알이는 ⓐ 제이의 앞, ⓑ 제이와 상상이 사이, ⓒ 상상이와 무우 사이, ⓓ 무우의 뒤에 들어갔습니다. 각 경우에 나머지 조건을 만족하는지 확인합니다.

ⓐ 알알이가 제이의 앞에 들어갈 경우

알알 — 제이 — 상상 — 무우 ➜ 무우가 마지막에 들어가게 되므로 조건 (2)를 만족하지 못합니다.

ⓑ 알알이가 제이와 상상이 사이에 들어갈 경우

제이 — 알알 — 상상 — 무우 ➜ 무우가 마지막에 들어가게 되므로 조건 (2)를 만족하지 못합니다.

ⓒ 알알이가 상상이와 무우 사이에 들어갈 경우

제이 — 상상 — 알알 — 무우 ➜ 무우가 마지막에 들어가게 되므로 조건 (2)를 만족하지 못합니다.

ⓓ 알알이가 무우의 뒤에 들어갈 경우

제이 — 상상 — 무우 — 알알 ➜ 모든 조건을 만족합니다.

따라서 모든 친구가 도착한 순서는 다음과 같습니다.
1등 : 제이 / 2등 : 상상 / 3등 : 무우 / 4등 : 알알

정답 : 1등 : 제이 / 2등 : 상상 / 3등 :무우 / 4등 : 알알

확인하기

무우, 상상, 알알, 제이는 서로 키가 다릅니다. 조건을 보고 네 사람을 키가 큰 순서대로 적으세요.

조건

1. 알알이보다 키가 작은 사람은 2명 있습니다.

2. 무우는 제이보다 키가 크고 상상이는 제이보다 키가 작습니다.

2 대표문제!

2. 논리표로 해결하기

놀이공원으로 가는 무우와 친구들
와! 신난다~
놀이공원으로 출발~!
야호! 너무 기대 된다~! 빨리 가자!
왁자
지껄
일찍 도착했더니 사람이 별로 없네?
잘됐다! 재밌는 것부터 얼른 타러 가자~!
어서 들어가자~
뭐부터 타지?
후룸라이드는 옷이 젖을 것 같은데..
나는 롤러코스터 타고 싶어~
대관람차는 어때?
기대 된다!
애들이 좋아하는 놀이기구가 전부 다르잖아? 어떤 것부터 탈지 정리해 봐야겠어.
으음~...

네 사람은 롤러코스터, 바이킹, 대관람차, 후룸라이드 중 서로 다른 1가지 놀이기구를 좋아합니다. 조건에 맞게 네 사람이 좋아하는 놀이기구를 각각 적으세요.

1. 무우가 좋아하는 놀이기구는 롤러코스터와 후룸라이드가 아닙니다.
2. 상상이는 대관람차를 좋아합니다.
3. 제이가 좋아하는 놀이기구는 롤러코스터가 아닙니다.

Step 1 친구들과 놀이기구의 이름으로 논리표를 만드세요.

Step 2 각 조건들로 알 수 있는 내용으로 논리표에 O 또는 X를 표시하세요.

Step 3 논리표의 남은 칸을 완성해서 각 친구가 좋아하는 놀이기구를 적으세요.

풀이

문제 해결 TIP

각 가로줄과 세로줄에는 O 가 1개만 있어야 합니다.

Step 1 친구들은 무우, 상상, 알알, 제이 총 4명이고 놀이기구도 롤러코스터, 바이킹, 대관람차, 후룸라이드로 총 4개입니다. 논리표는 다음과 같이 만들 수 있습니다.

	롤러코스터	바이킹	대관람차	후룸라이드
무우				
상상				
알알				
제이				

Step 2 각 조건으로 알 수 있는 정보를 논리표에 O, X 로 표시하면 다음과 같습니다.

	롤러코스터	바이킹	대관람차	후룸라이드
무우	X			X
상상	X	X	O	X
알알				
제이	X			

Step 3 각 친구가 좋아하는 놀이기구가 서로 다르다는 점을 이용해서 남은 칸을 채웁니다.

① 무우는 바이킹 또는 대관람차 중 1가지를 좋아하지만 상상이가 대관람차를 좋아하므로 무우는 바이킹을 좋아합니다.

② 제이는 바이킹, 대관람차, 후룸라이드 중 1가지를 좋아하지만 무우는 바이킹, 상상이는 대관람차를 좋아하므로 제이는 후룸라이드를 좋아합니다.

③ 마지막 남은 롤러코스터는 알알이가 좋아합니다.

	롤러코스터	바이킹	대관람차	후룸라이드
무우	X	O	X	X
상상	X	X	O	X
알알	O	X	X	X
제이	X	X	X	O

※ 다른 조건을 생각하지 않고 Step 2 에서 채운 논리표에서 가로줄과 세로줄에 O 가 각 1개씩만 있어야 한다는 점을 생각해서 논리표를 채울 수도 있습니다. 마지막에 다른 조건들에 적합한지 확인해야 합니다.

정답 : 무우/바이킹 , 상상/대관람차 , 알알/롤러코스터, 제이/후룸라이드

확인하기

무우, 상상, 알알, 제이는 각자 서로 다른 계절을 좋아합니다. 조건을 보고 각 친구가 좋아하는 계절을 적으세요.

조건

1. 무우는 겨울을 좋아합니다.
2. 상상이와 제이는 가을을 좋아하지 않습니다.
3. 상상이는 가장 더운 계절을 좋아합니다.

2 연습문제

01 무우를 포함한 5명의 사촌인 무우, A, B, C, D는 각자 나이가 다릅니다. 조건을 보고 무우의 나이를 구하세요.

조건

1. 5명의 나이는 8살, 9살, 11살, 12살, 13살입니다.
2. C는 B의 친동생이고 C는 D보다 3살 어립니다.
3. B는 무우보다 2살 많습니다.

02 무우, 상상, 알알, 제이는 서로 다른 개수의 구슬을 가지고 있습니다. 조건을 보고 구슬을 많이 가지고 있는 순으로 이름을 적으세요.

조건

1. 제이는 두 번째로 많은 구슬을 가지고 있습니다.
2. 알알이는 상상이보다 구슬을 많이 가지고 있습니다.
3. 무우가 가진 구슬 중 1개를 제이에게 주면 두 사람의 구슬 개수가 같아집니다.

03 무우는 월, 수, 금요일에는 거짓말만 하고 다른 날에는 참말만 합니다. 상상이는 화, 목, 토요일에는 거짓말만 하고 다른 날에는 참말만 합니다. 아래의 대화를 보고 오늘은 무슨 요일인지 적으세요.

내일은 화요일이야!
어제는 목요일이었어~
무우
상상

04 A, B, C, D는 서로 다른 크기를 가진 애완동물을 키웁니다. 친구들이 말한 내용을 보고 키우는 애완동물을 크기순으로 이름을 적으세요.

A : C가 키우는 애완동물은 내가 키우는 애완동물보다 커 !

B : 내가 키우는 애완동물은 D가 키우는 애완동물보단 작아.

C : 그럼, A의 애완동물과 D의 애완동물은 누가 더 큰 거야?

D : 우리집 애완동물이 더 작아!

05 A, B, C, D, E는 달리기 시합했을 때, 동시에 결승선을 통과하지 않았습니다. 조건을 보고 각 친구의 순위를 구하세요.

조건

1. A는 D의 바로 다음에 결승선을 통과했고 5등이 아닙니다.

2. C는 두 번째로 결승선을 통과했습니다.

3. E는 1등이 아닙니다.

06 무우는 1, 2, 3, 4, 5가 각각 1개씩 적혀있는 카드 5장을 섞은 후 아래와 같이 숫자가 보이지 않도록 쌓았습니다. 조건을 보고 가장 아래에 있는 카드에 적힌 숫자를 구하세요.

조건

1. 아래에서부터 4번째, 5번째 카드에 적힌 숫자의 합과 아래에서부터 2번째, 3번째 카드에 적힌 숫자의 합이 같습니다.
2. 가장 아래에 있는 카드에 적힌 숫자는 가장 큰 숫자가 아니며 아래에서부터 3번째, 4번째 카드에 적힌 숫자의 합과 같습니다.

07 A, B, C, D, E는 5층 건물의 서로 다른 층에 살고 있습니다. 조건을 보고 각각 몇 층에 살고 있는지 구하세요.

조건

1. D는 A보다 높은 층에 살고 D와 A 사이에는 2명이 삽니다.
2. B와 E 사이에는 1명이 삽니다.
3. E는 5층에 살지 않습니다.
4. C는 E보다 낮은 층에 삽니다.

08 원형 테이블에 빨간 의자 2개, 파란 의자 2개가 놓여있습니다. 이 원형 테이블에 무우, 상상, 알알, 제이가 조건에 맞게 앉을 때, 무우의 맞은편에 앉는 사람은 누구일까요?

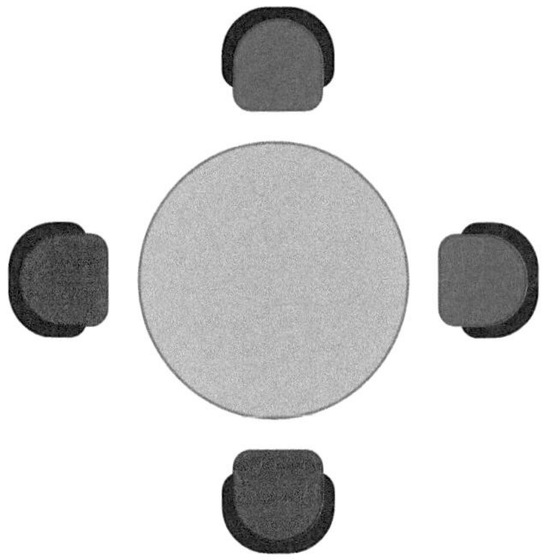

조건

1. 무우와 알알이는 파란 의자에 앉습니다.
2. 상상이의 오른쪽 자리에는 제이가 앉습니다.
3. 알알이의 오른쪽 자리에 앉은 사람은 알알이와 의자 색이 다릅니다.

09 한 가정집에서는 강아지, 고양이, 토끼, 햄스터를 각 1마리씩 키웁니다. 각 애완동물의 이름은 사랑이, 소망이, 베리, 푸푸 중 서로 다른 하나입니다. <보기>의 내용을 보고 각 동물의 이름을 구하세요.

보기

1. 나이가 많은 순으로 동물들을 나열하면 강아지, 고양이, 토끼, 햄스터입니다.
2. 소망이는 토끼보다 나이가 많습니다.
3. 강아지는 소망이, 토끼와 사이가 좋지 않고 베리와는 사이가 좋습니다.
4. 사랑이는 고양이보다 나이가 많습니다.

01 아래에는 어떤 백화점 푸드코트의 약도와, 관련된 내용이 적혀 있습니다. 이를 보고 초밥집은 A, B, C, D, E 중 어디에 있을지 구하세요.

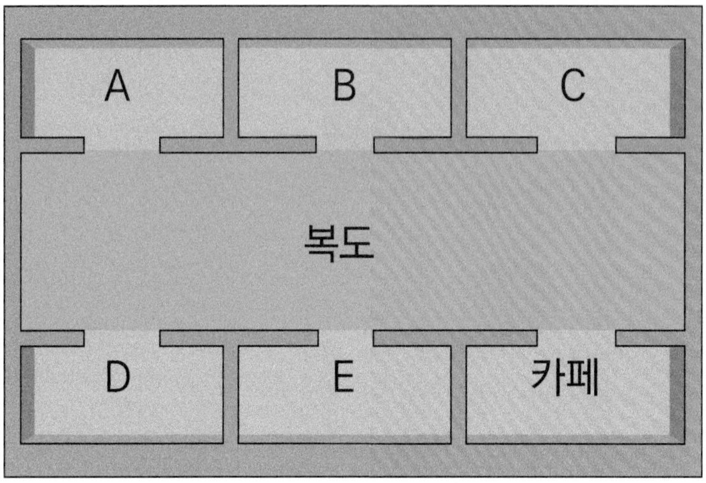

▲ 푸드코트

1. 푸드코트에는 한식집, 패스트푸드점, 초밥집, 중식당, 도넛 가게, 카페가 있습니다.
2. 한식집과 중식당은 바로 맞은편에 있습니다.
3. 패스트푸드점과 중식당 사이에는 식당이 1개 있습니다.
4. 도넛 가게와 카페는 같은 라인에 있습니다.

02 아래 **1**, **2**, **3** , **4**, **5** 는 A, B, C, D, E 총 5명이 각각 본인이 누구와 아는 사이인지 말한 내용입니다. **2**, **3**, **4** , **5** 는 누가 한 말인지 모릅니다. 각자 아는 사람을 2명씩 말했을 때, C와 아는 사람은 누구인지 구하세요.

1. D : 나는 A, B와 아는 사이야!

2. 나는 A, E와 아는 사이야!

3. 나는 B, C와 아는 사이야!

4. 나는 C, D와 아는 사이야!

5. 나는 D, E와 아는 사이야!

03 A, B, C, D 학생은 각각 국어, 영어, 수학, 과학 중 서로 다른 한 과목과 축구, 농구, 야구, 배구 중 서로 다른 한 가지 운동을 잘합니다. 조건을 보고 각 친구가 잘하는 과목과 운동을 적으세요.

조건

1. A는 축구를 잘하지 못하고 B는 농구를 잘합니다.
2. 야구를 잘하는 사람은 수학을 잘합니다.
3. 국어를 잘하는 사람은 농구를 잘합니다.
4. D는 배구를 잘하며 영어를 잘하지 못합니다.

04 A, B, C, D, E, F, G 학생이 달리기 시합을 했습니다. 시합 내용이 <보기>와 같을 때, 각 친구가 들어온 순서를 적으세요.

보기

1. 두 사람 이상이 동시에 결승선을 통과하지 않았습니다.
2. A는 B, C보다 빨리 결승선을 통과했습니다.
3. F, G는 C보다 늦게 결승선을 통과했습니다.
4. D, F는 E보다 늦게 결승선을 통과했습니다.
5. B는 E보다 순위가 높고 E는 C보다 순위가 높습니다.
6. D는 C보다 빨리 결승선을 통과했습니다.
7. G는 마지막으로 결승선을 통과하지 않았습니다.

01 아래의 수혈 관계도와 같이 O형인 사람은 A, B, O, AB형인 사람에게 각각 수혈할 수 있고 A형인 사람은 A, AB형인 사람에게만, B형인 사람은 B, AB형인 사람에게만, AB형인 사람은 AB형인 사람에게만 수혈할 수 있습니다. 다음 물음에 답하세요.

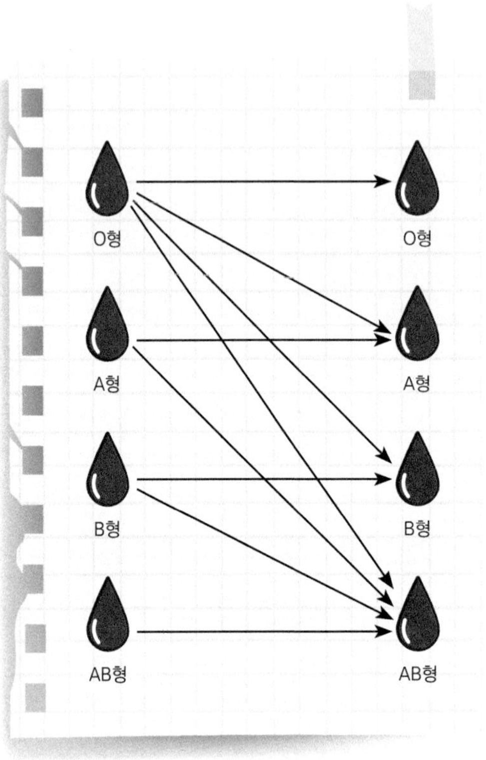

▲ 수혈 관계도

무우, 상상, 알알, 제이는 서로 혈액형이 다릅니다. 조건을 보고 각 친구의 혈액형을 찾으세요.

조건

1. 무우는 A형이고, 무우와 알알이는 서로 수혈할 수 없습니다.
2. 제이는 나머지 세 명 모두에게 수혈할 수 있습니다.

놀이공원
안녕하세요! 혹시 사진 한 장만 찍어 주실 수 있나요?
Hi~!
OK! 알겠어요~
감사합니다! 혹시 어느 나라에서 오셨나요?
Oh~!
천만에요~ 제가 어디에서 왔냐면….

알알이와 제이가 있는 곳으로 돌아온 무우와 상상이가 사진을 찍어준 사람 A에 대해 말한 것이 다음과 같았습니다.

무우 : A는 한국 사람이고 남자였어. 키가 크고 영어를 못했지!

상상 : A는 미국 사람이 아니었고 여자였어. 키가 작고 영어를 잘했지!

무우가 말한 4가지 중 3가지는 거짓이고 상상이가 말한 4가지 중 2가지는 거짓입니다. A에 대해 알알이와 제이가 확실하게 알 수 있는 점을 적으세요.

칠레에서 둘째 날 모든 문제 끝!
발파라이소로 이동하는 무우와 친구들에게 어떤 일이 일어날까요?

디지털 시계의 숫자

디지털 시계란 시침, 분침을 사용하지 않고 숫자로 시각을 나타내는 시계를 말합니다. 이 시계는 2 ~ 7개의 막대를 이용해서 0 ~ 9까지의 모든 수를 표현합니다.

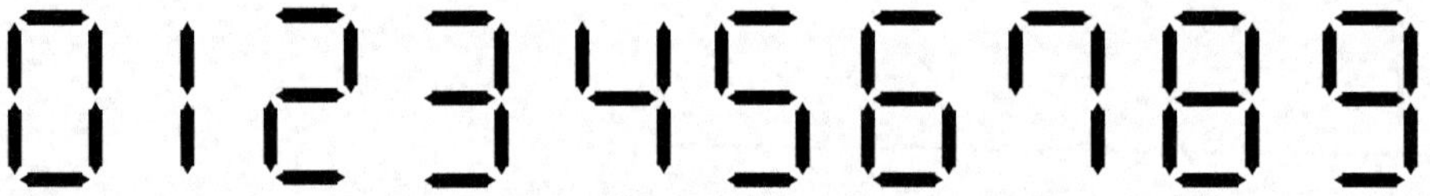

▲ 디지털 시계의 숫자

7개의 막대를 모두 사용하면 숫자 8을 표현할 수 있고 이 막대 중 몇 개를 빼면 0 ~ 9까지의 모든 수를 만들 수 있습니다.

0, 6, 9 : 1개의 막대를 빼서 만들 수 있습니다.

2, 3, 5 : 2개의 막대를 빼서 만들 수 있습니다.

4, 7 : 3개의 막대를 빼서 만들 수 있습니다.

1 : 5개의 막대를 빼서 만들 수 있습니다.

예)

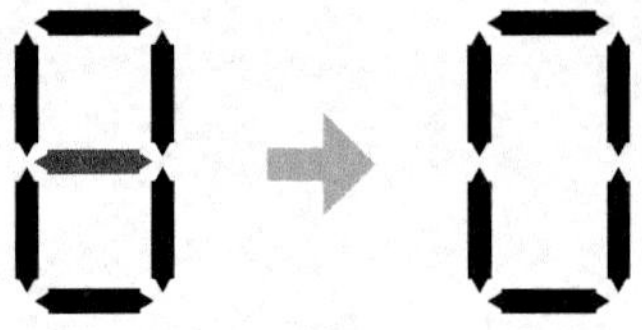

3. 성냥개비

으악~! 늦잠 자버렸네! 지금 몇시야?
끄아아악~
호텔 체크아웃 시간 전에 준비해서 나가야 하는데!
큰일 났네!
지금 시간은 8시 57.. 아니, 58분!
짠~!
8:58
디지털 시계네! 어떻게 저렇게 순식간에 숫자가 바뀌는 걸까?
우와!
막대에 불을 끄고 켜는 걸로 숫자를 나타낼 수 있나 봐.
총 7개의 막대만 사용했어!
오오..
재미있는걸?
성냥개비로도 할 수 있을 것 같은데~?
재미있겠다!
얘들아! 그만 놀고 어서 짐 챙겨야지.
히히
으이구~

발파라이소
산티아고
칠레
Chile

칠레 셋째 날 DAY 3

무우와 친구들은 칠레에 도착한 셋째 날, <발파라이소>에 도착했어요. 발파라이소에 있는 <쁘랏 부두>, <콘셉시온 언덕>, <바부리사 궁전>을 여행할 예정이에요.

자, 그럼 먼저 <쁘랏 부두>에서 만난 수학 문제를 친구들과 함께 풀어볼까요?

궁금해요

쁘랏 부두
우와~!
여기서 물개랑 바다사자를 볼 수 있대!
여기가 쁘랏 부두야?
저쪽으로 가자~
앗! 정말이네! 멀리서 보면 특이하게 모여있는걸?
짜잔~
뒹굴~
신기하다! 왜 저렇게 모여있는 거지?
귀엽다!
음~?

물개 8마리가 숫자 10 모양으로 누워있습니다. 이 중 1마리를 다른 위치로 옮겨서 숫자 5를 만드세요.

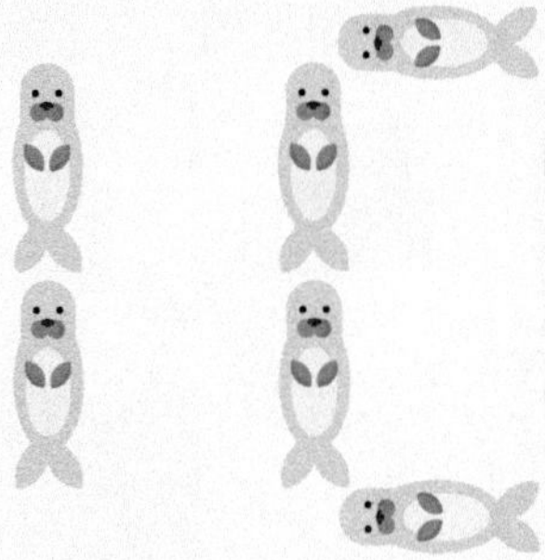

1. 성냥개비로 표현하기

※ 모든 성냥개비의 길이는 같습니다.
※ 두 개 이상의 성냥개비를 겹쳐서 1개로 보이게 할 수 없습니다.

A. 숫자를 성냥개비로 표현하기

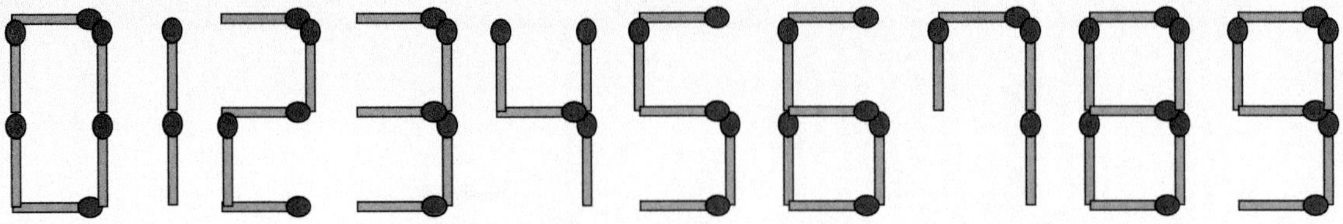

0 1 2 3 4 5 6 7 8 9

이 외에도 숫자를 표현하는 방식은 여러 가지가 있습니다.

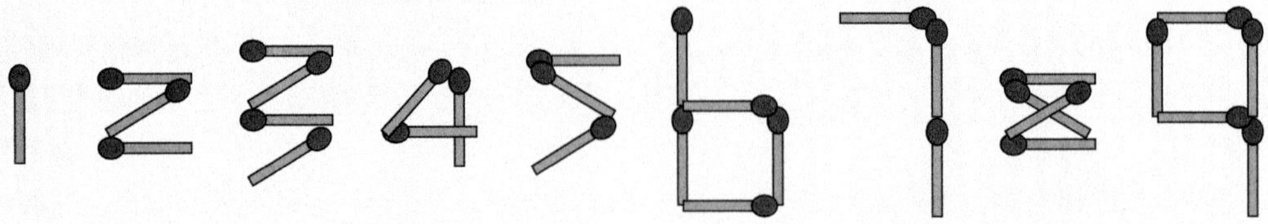

1 2 3 4 5 6 7 8 9

B. 기호를 성냥개비로 표현하기

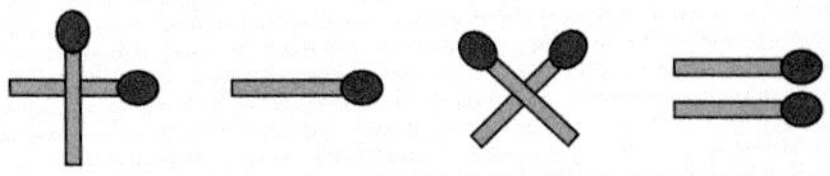

C. 성냥개비로 표현된 수에 성냥개비를 1개 추가하거나 빼서 새로운 수 만들기

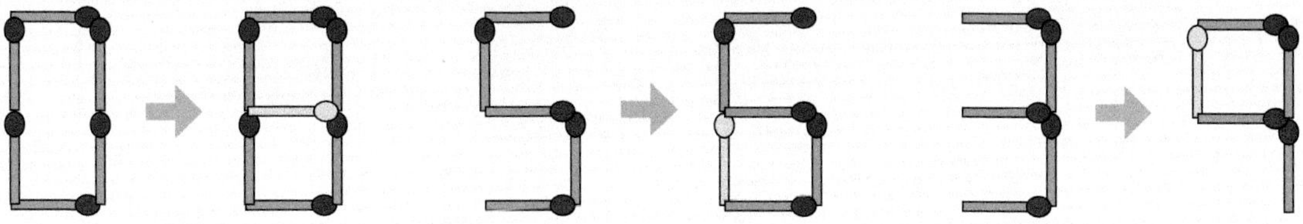

D. 성냥개비로 표현된 수의 성냥개비 중 1개를 옮겨서 새로운 수 만들기

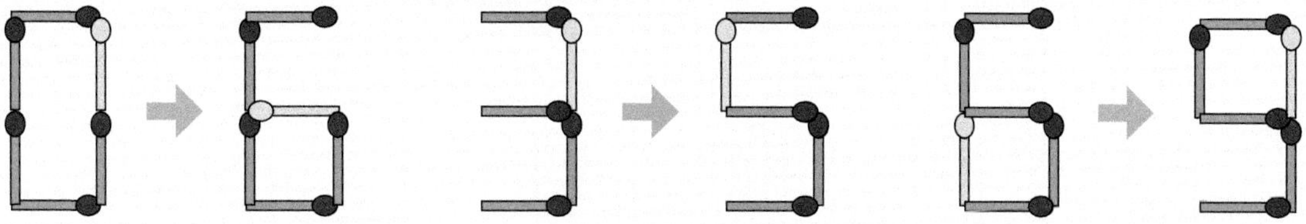

E. 문자를 성냥개비로 표현하기

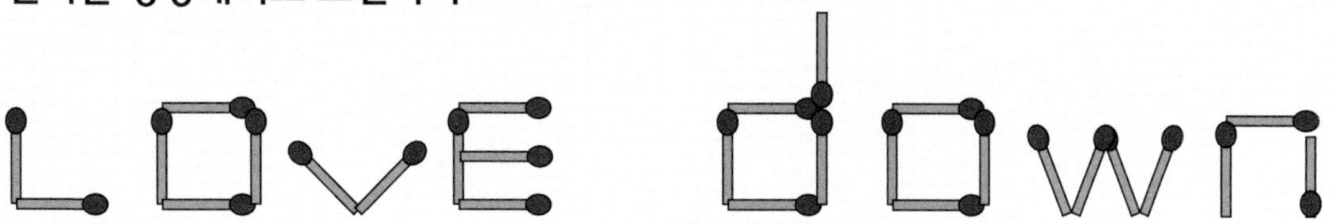

현재 보고 있는 방향에서 볼 때 5를 만드는 방법은 없습니다.

현재 보고 있는 방향이 아닌 다른 방향에서 봤을 때 숫자 5가 될 수 있는 방향을 찾습니다.

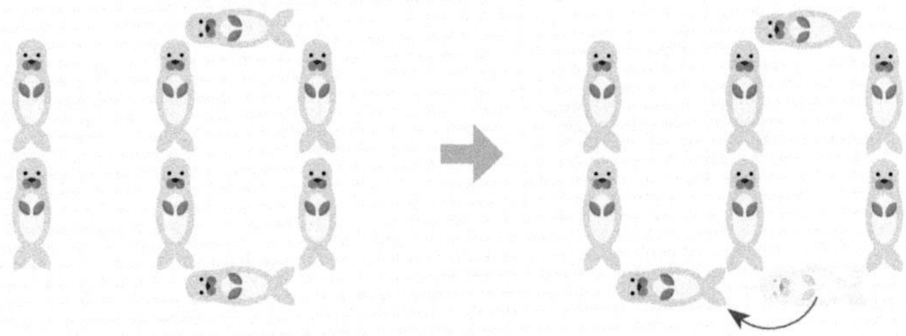

위와 같이 물개 1마리의 위치를 옮기면 오른쪽, 왼쪽에서 봤을 때 숫자 5가 되는 것을 확인할 수 있습니다. (정답)

1. 성냥개비로 식 만들기

발파라이소 거리를 걷는 무우와 친구들
부두를 다 구경 했으니 이제 이 동해볼까?
벽 색깔이 알록달록해!
와~
여기 좀 봐봐~
곳곳에 벽화가 그려져 있네.
골목을 따라 가면서 감상 하자!
멋지다!
앗, 저 벽에는 성냥개비로 숫자가 적혀 있어!
정말이네! 그런데 조금 이상해..
계산 결과가 틀린 것 같은데?
정말이네. 우리가 한 번 고쳐보자.
음~

벽에 적혀 있는 식이 아래와 같았습니다. 아래의 식에서 성냥개비를 1개 옮겨서 식이 성립하게 만드세요. (단, 등호는 건드리지 않습니다.)

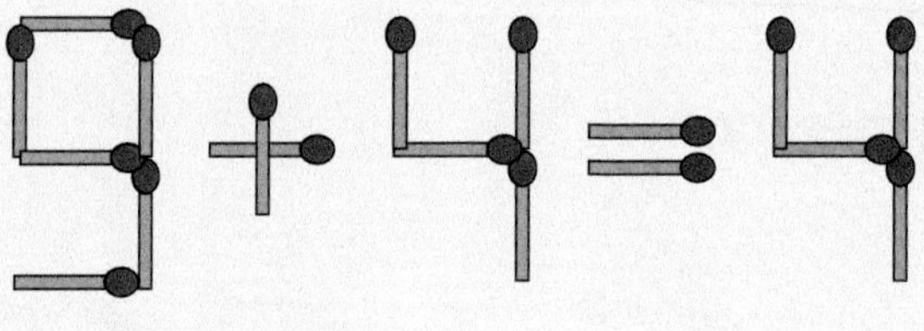

Step 1 기호를 건드리지 않고 식이 성립하게 만드세요.

Step 2 기호를 바꿔서 식이 성립하게 만드세요.

정답 및 풀이 P.12

풀이

문제 해결 TIP

숫자만 건드려서 식을 성립하게 하는 방법과 기호를 건드려서 식을 성립하게 하는 방법 2가지가 있습니다.

Step 1 숫자만 건드려서 식이 성립하게 하는 방법과 기호를 건드려서 식이 성립하게 하는 방법 2가지가 있습니다.

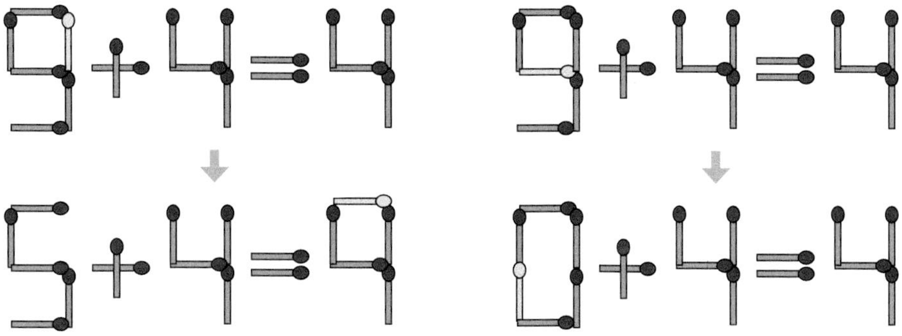

Step 2

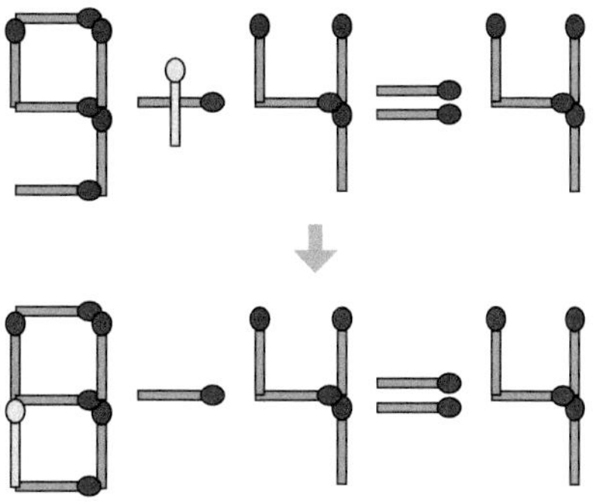

정답 : 풀이 과정 참조

확인하기

성냥개비를 1개 옮겨서 아래의 식이 성립하게 만드세요.

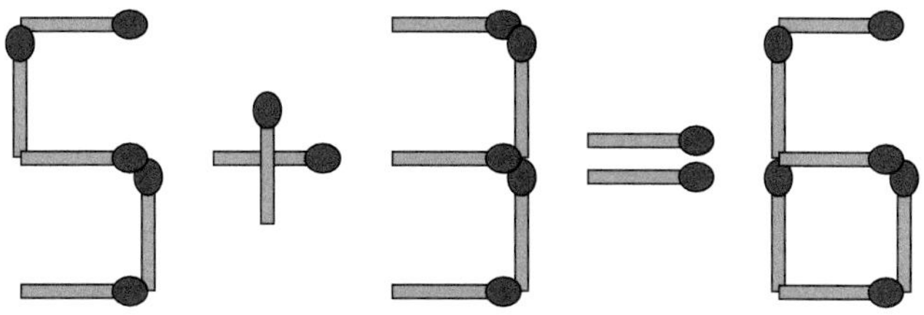

2. 도형 만들기

콘셉시온 언덕을 오르는 무우와 친구들
너무 편해!
와~
산티아고에서 탔던 푸니쿨라랑 비슷하네~
저기 봐. 길 너머에 농장이 보여!
가서 구경해보자!
궁금하다!
동물 우리가 여러 개 있네~
이 우리는 왜 비어있지?
성냥개비로 빈 우리가 없도록 만들 수 있을 것 같은데? 한 번 해보자!
어떻게 하면 되는데?
으음??

무우는 5개의 동물 우리를 아래와 같이 성냥개비로 나타냈습니다. 아래의 모양에서 성냥개비 2개를 옮겨 크기와 모양이 같은 4개의 우리가 되도록 만드세요. (단, 사각형을 이루지 못하는 성냥개비가 남으면 안 됩니다.)

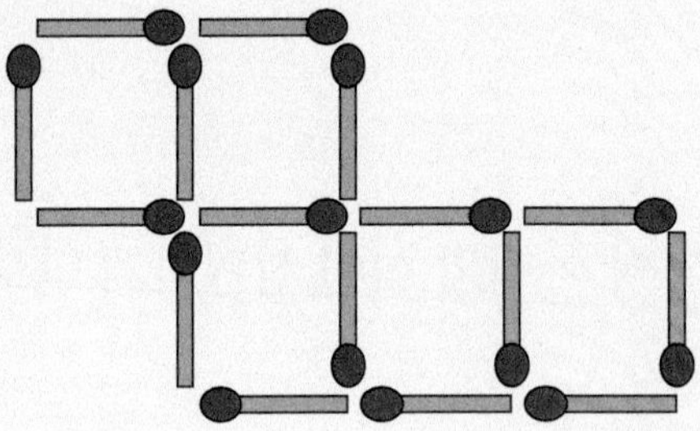

Step 1 공통 변을 찾으세요.

Step 2 사각형들이 공통 변을 가지지 않게 하려면 빼야 하는 성냥개비 2개를 고르세요.

Step 3 뺀 성냥개비 2개를 다시 붙여서 4개의 사각형이 되도록 만드세요.

Step 1 공통 변은 노란색으로 표시된 성냥개비들입니다.

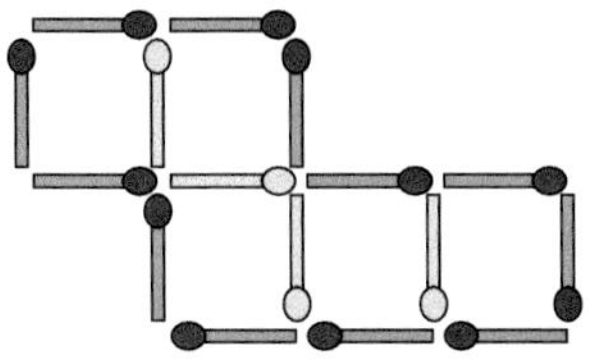

Step 2 같은 개수의 성냥개비로 4개의 사각형이 되려면 공통 변을 가지고 있는 사각형을 없애야 합니다.
따라서 아래와 같이 노란색으로 표시된 2개의 성냥개비의 위치를 옮겨야 합니다.

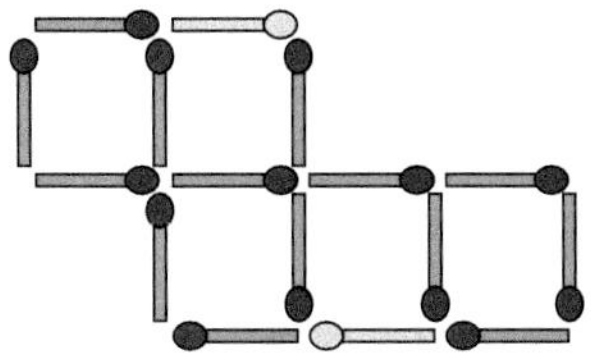

Step 3 빼낸 2개의 성냥개비를 아래와 같이 붙이면 4개의 사각형을 만들 수 있지만 이 경우 동그라미로 표시된 사각형을 이루지 못하는 하나의 성냥개비가 남게 됩니다.

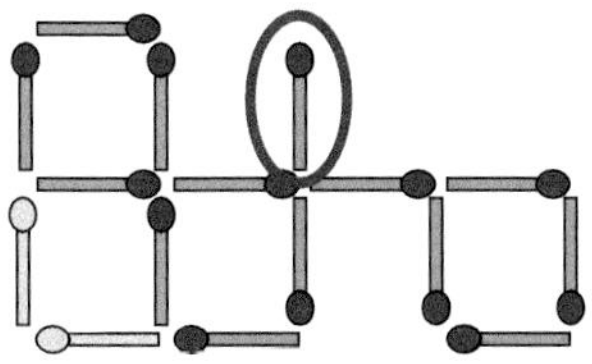

빼낸 성냥개비를 아래와 같이 붙이면 사각형을 이루지 못하는 성냥개비 없이 4개의 사각형을 만들 수 있게 됩니다.

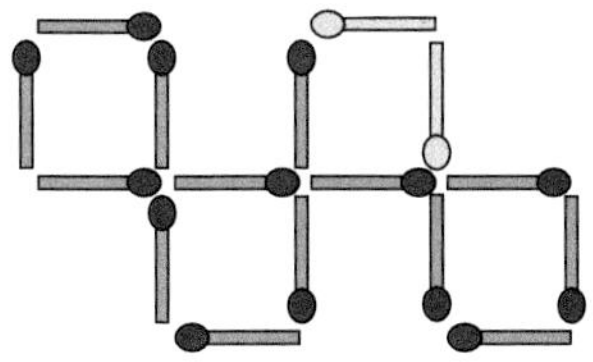

정답 : 풀이 과정 참조

문제 해결 TIP

각 사각형이 공통 변을 가지지 않도록 만드는 방법을 생각합니다.

확인하기

13개, 14개의 성냥개비를 이용해서 크기와 모양이 같은 정사각형 4개를 각각 만드세요.

3 연습문제

01 5개의 성냥개비가 있습니다. 이 상태에서 1개의 성냥개비를 추가해서 4개의 삼각형을 찾을 수 있도록 만드세요.

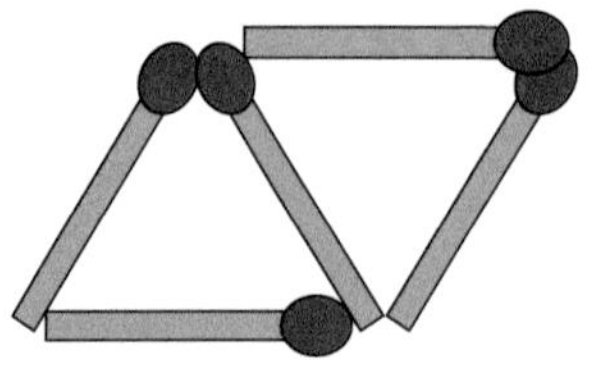

02 6개의 성냥개비를 이용해서 크기와 모양이 같은 정삼각형 4개를 만드세요.

03 아래의 성냥개비 중 2개를 옮겨서 식이 성립하게 만드세요. (단, 등호는 건드리지 않습니다.)

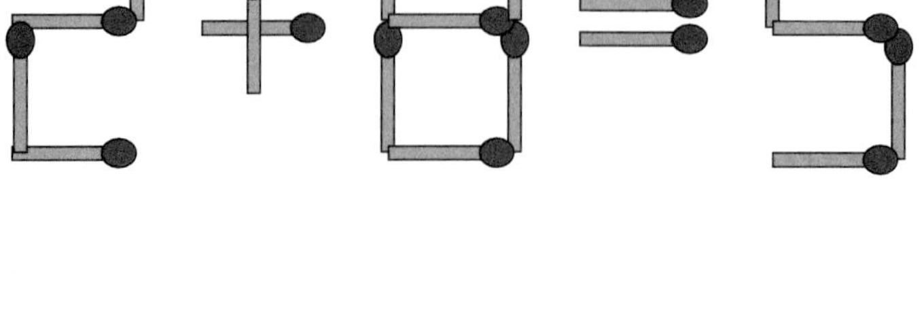

정답 및 풀이 P.13

04

8개의 성냥개비가 물고기 모양으로 있습니다. 이 중 2개의 성냥개비를 옮겨서 물고기가 바라보는 방향을 바꾸세요.

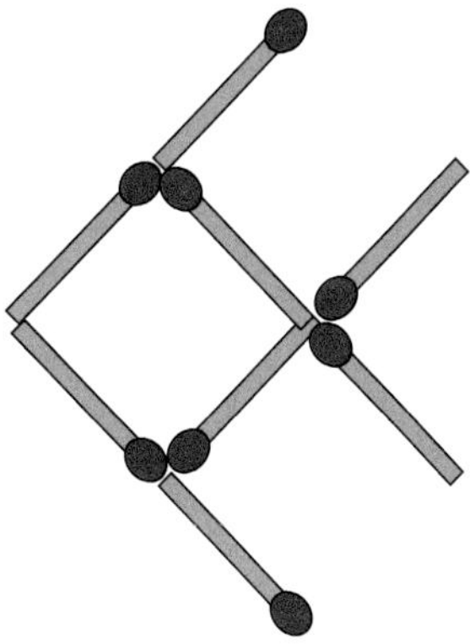

05

24개의 성냥개비가 있습니다. 이 중 4개의 성냥개비를 옮겨서 정사각형 3개를 찾을 수 있도록 만드세요. (단, 정사각형들은 크기가 같지 않아도 됩니다.)

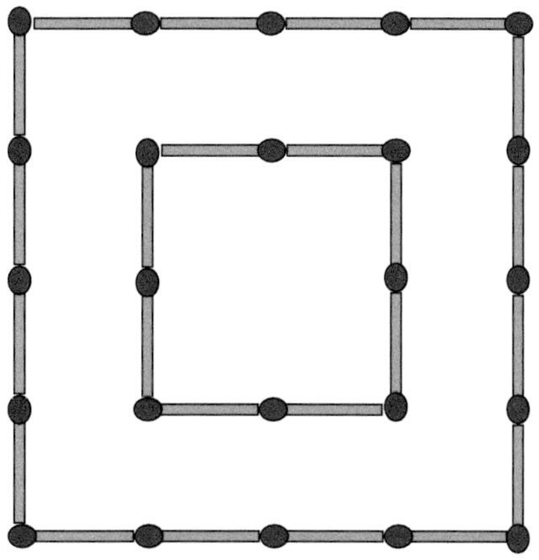

3 연습문제

06 성냥개비 1개를 옮겨 식이 성립하게 만드세요. (단, 등호는 건드리지 않습니다.)

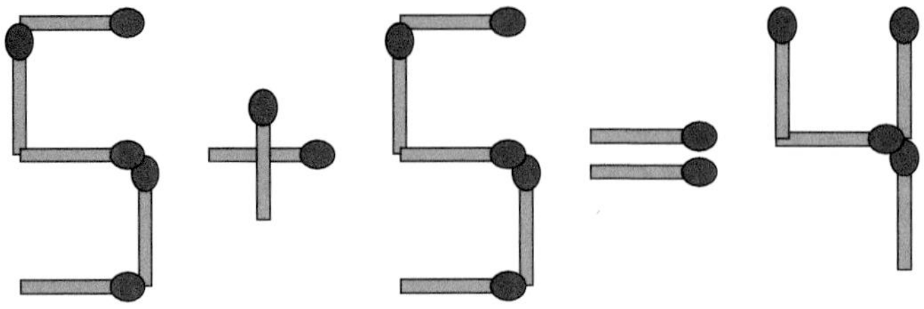

07 12개의 성냥개비가 있습니다. 이 중 3개, 4개, 5개의 성냥개비를 빼내서 크기와 모양이 같은 3개의 삼각형이 되도록 각각 만드세요.

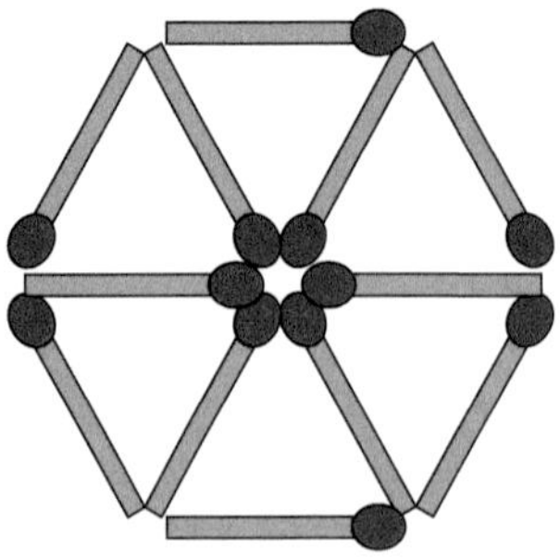

정답 및 풀이 P.14

08 무우는 9개의 성냥개비를 이용해서 크기와 모양이 같은 3개의 삼각형을 만들었습니다. 이 중 2개, 3개의 성냥개비를 옮겨서 크기와 모양이 같은 4개의 삼각형을 각각 만드세요.

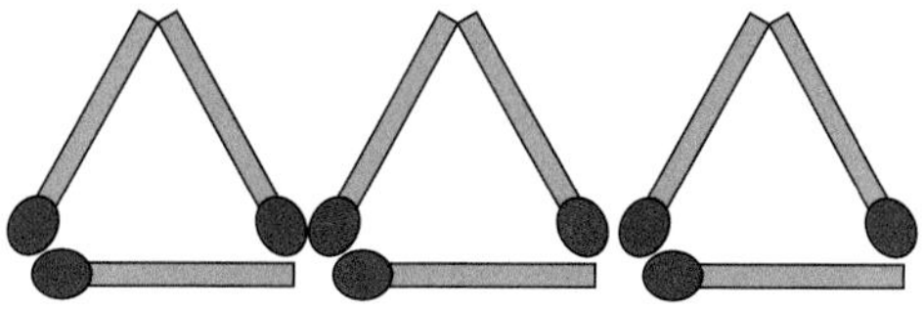

09 아래의 성냥개비 중 4개의 성냥개비를 옮겨서 크기와 모양이 같은 5개의 정사각형이 되도록 만드세요.

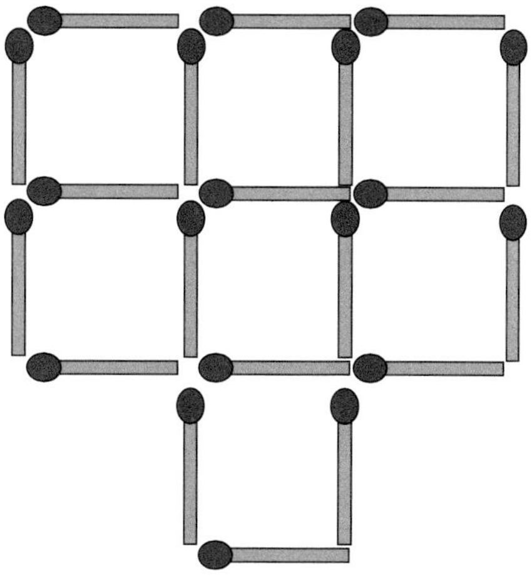

3 심화문제

01 4개의 성냥개비가 있습니다. 4개의 성냥개비를 추가해서 크기와 모양이 같은 삼각형 4개와 크고 작은 사각형 2개를 찾을 수 있도록 만드세요.

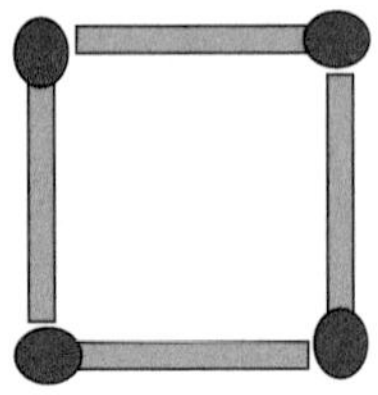

02 성냥개비로 이루어진 식이 있습니다. 이 중 3개의 성냥개비만 옮겨서 식이 성립하도록 만드세요.

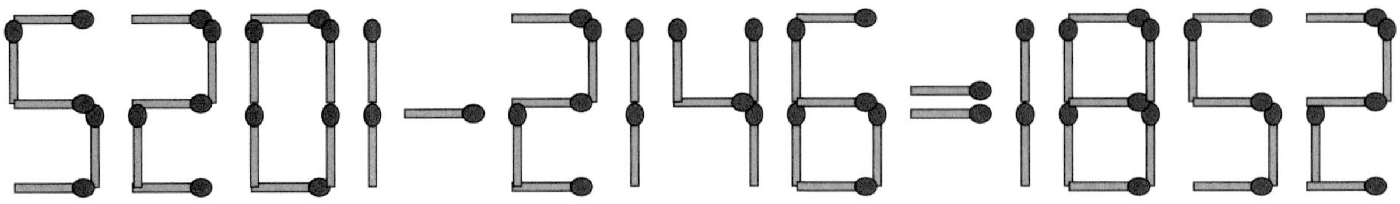

03 40개의 성냥개비에서 크고 작은 30개의 정사각형을 찾을 수 있습니다. 이 중 몇 개의 성냥개비를 빼내서 단 1개의 정사각형도 찾을 수 없게 하려면 최소 몇 개의 성냥개비를 빼내야 하는지 적으세요.

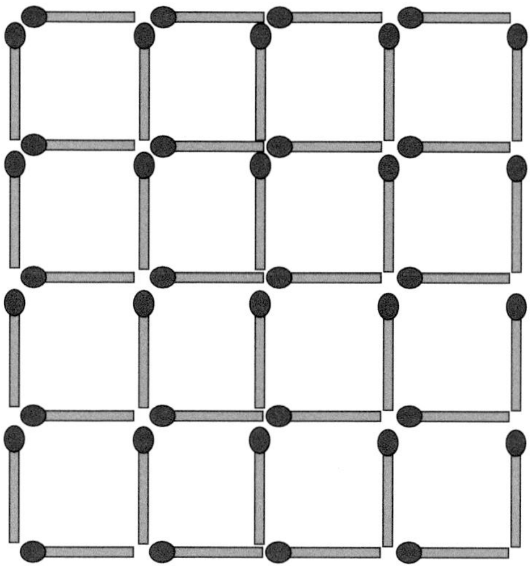

04 18개의 성냥개비가 있습니다. 이 중 2개를 옮겨서 새로운 세 자리 수를 만들 때, 만들 수 있는 수 중 3번째로 큰 수를 만드세요.

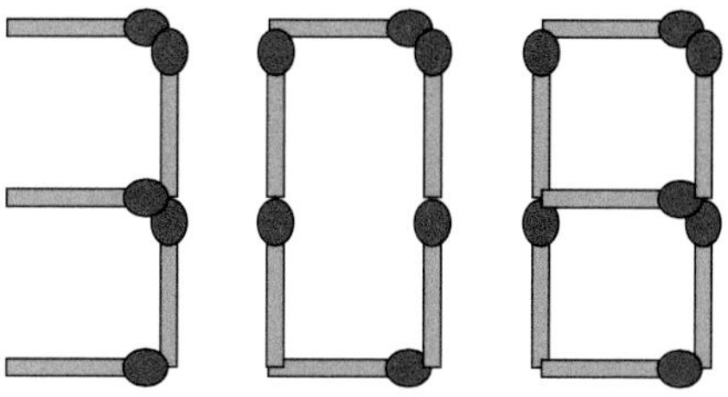

01 성냥개비 중 1개를 옮겨서 식이 성립하도록 만드세요. (단, 등호는 건드리지 않습니다.)

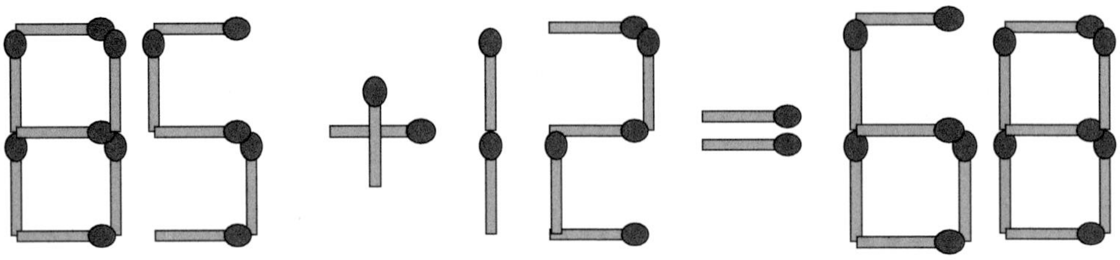

바부리사 궁전
맞아! 어서 들어가자~
여기가 바부리사 궁전이야?
오~
여기는 안내소야.
지금은 미술관이래!
작품을 구경해 볼까?
어서 들어가자~
저쪽에도 작품이 있을 것 같은데?
신기한 작품이 많네~
이건 뭐지?
이거 봐, 마지막 무늬는 그려져 있지 않네?
음…. 지워진 무늬는 아마 이렇게 생기지 않았을까?
여기?
와~

미술관에 전시된 작품에 그려진 무늬를 무우가 성냥개비로 나타냈습니다. 성냥개비가 놓여 있는 규칙을 찾아서 ? 에 들어갈 성냥개비는 어떤 모습일지 구하세요.

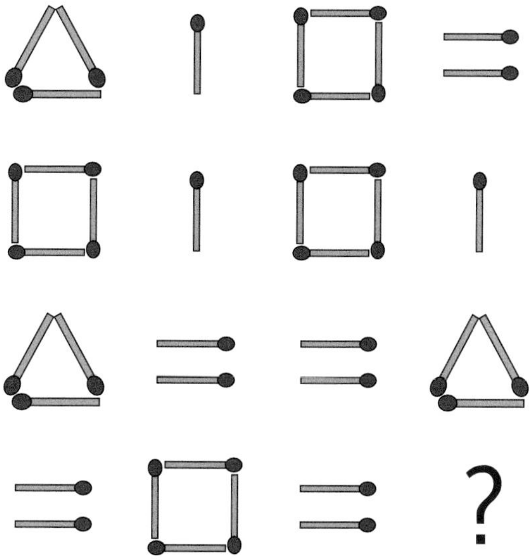
?

칠레 셋째날 모든 문제 끝!
비냐 델 마르로 이동하는 무우와 친구들에게 어떤 일이 일어날까요?

발상의 전환

▲ 콜럼버스

이탈리아의 역사학자인 벤조니는 1565년 본인의 저서에서 아메리카 대륙을 처음으로 발견한 이탈리아의 항해가인 콜럼버스의 일화를 소개하여 사소한 발상의 전환이 어려운 문제를 해결하는 데 결정적인 역할을 한다는 것을 보여 주었습니다.

하루는 신대륙 항해를 마치고 돌아온 콜럼버스를 축하하기 위한 파티가 열렸는 데 참석한 사람 중 콜럼버스를 시기한 몇 명이 콜럼버스의 업적에 대해 '누구나 할 수 있는 일'이라고 깎아내리기 시작했습니다.

이를 들은 콜럼버스는 그 사람들 앞으로 가서 달걀을 주며 테이블에 세워보라고 요청했습니다. 사람들은 '어떻게 테이블에 달걀을 세울 수 있나'라며 무시했지만 콜럼버스는 이내 달걀의 밑 부분을 살짝 깨트려서 테이블에 세운 뒤 아래와 같이 말했습니다.

"누군가를 따라 하는 것은 쉽지만 무슨 일이든 처음 하는 것은 쉽지 않습니다."

이와 같이 달걀을 테이블에 세운다는 불가능해 보이는 도전을 콜럼버스는 발상의 전환으로 쉽게 해결할 수 있었습니다.

4. 다른 방법으로 풀기

기차역에 가기 전에 짐하고 돈을 잘 챙기자.
출발해야지~
으음..?
응?
뒤적
뒤적
어라? 내 동전이 조금 모자란데??
뭐~?
제이도 참~ 어제 무우한테 동전을 맡겼잖아!
띵~
자! 어제 나한테 맡겼던 3개의 동전을 돌려줄게. 그럼 우리가 가진 동전의 개수가 같아졌지?
으이구!
그러네..! 깜빡 했어!
헤헤, 이제 둘 다 7개의 동전이 있어. 그럼 난 아까 몇 개를 가지고 있었을까?
엣헴
거꾸로 계산 해 보면.. 10개구나!
히히

비냐 델 마르
발파라이소
산티아고
칠레
Chile

칠레 넷째 날 DAY 4

무우와 친구들은 칠레에 도착한 넷째 날, <비냐 델 마르>에 도착했어요. 비냐 델 마르를을 여행하며. 만날 여러가지 수학 문제를 친구들과 함께 풀어볼까요?

궁금해요

비냐 델 마르로 가는 기차에 탄 무우와 친구들
배고프네.. 우리 뭐 좀 사먹을까?
좋아! 아까 보니까 음식 카트에서 초콜릿을 팔더라고.
앗…! 아까 봤을 때보다 초콜릿이 엄청 적어졌잖아?
헉~!
미리 사놓을걸 그랬네
쿨쿨~zzz
조금 전에 총 4명의 승객이 사 가셨어요.

카트에 있던 초콜릿을 무우와 친구들이 사기 전에 총 4명의 승객이 사 갔습니다. 첫 번째로 산 승객은 있는 4개의 초콜릿을 사고 두 번째로 산 승객은 남은 초콜릿의 절반을 샀으며 세 번째로 산 승객은 남은 초콜릿 중 3개를 사고 마지막으로 산 승객은 남은 초콜릿을 삼등분하여 그 중 2묶음을 샀습니다. 무우와 친구들이 봤을 때 남은 초콜릿의 개수가 3개라면, 처음에 있던 초콜릿의 개수는 몇 개일까요?

1. 가정하여 풀기

두 종류가 각각 몇 개씩 있는지 찾을 때, 전체를 한 종류라고 가정해서 맞는지 확인합니다.

예시문제 **강아지 여러 마리와 닭 여러 마리가 섞여 있습니다. 전체 마리 수는 30마리이고 총 다리 수는 84개입니다. 이때 강아지와 닭은 각각 몇 마리인지 적으세요.**

풀이

1. 가정하기 → 30마리는 모두 닭입니다.

2. 가정했을 때의 다리 수와 문제에서 주어진 다리 수를 비교합니다.
→ 30마리가 모두 닭이라면 총 다리 수는 60개입니다. 총 다리수가 84개이므로 다리 수의 차이는 84 - 60 = 24개입니다.

3. 총 다리 수의 차이를 (강아지의 다리 수와 닭의 다리 수의 차이)로 나누면 강아지의 마리 수를 구할 수 있습니다.
→ 24 ÷ (4 - 2) = 12 = 강아지의 마리 수

4. 따라서 총 30마리 중 강아지는 12마리, 닭은 18마리입니다.

2. 거꾸로 생각해서 풀기

순서대로 계산해 내려가는 식에서 마지막 결과값을 안다면 거꾸로 계산해서 처음 수를 구합니다.

예시문제 **어떤 수에 6을 더해서 나온 값에 6을 곱해서 나온 값에서 6을 빼서 나온 값을 6으로 나눴을 때 마지막 결과값이 6입니다. 어떤 수를 구하세요.**

풀이 **1.** 식을 표현합니다.

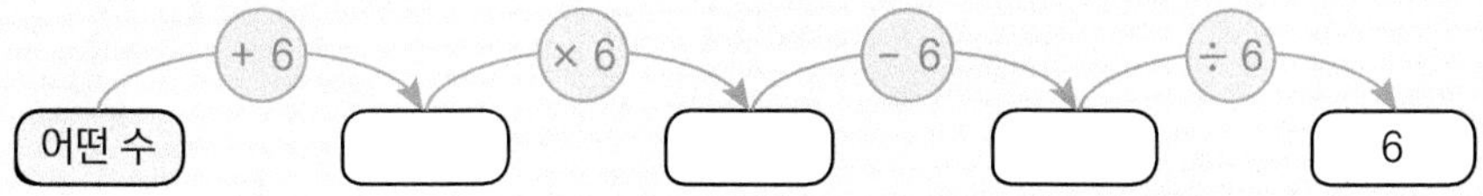

2. 거꾸로 연산하는 방법을 찾습니다. (+ ↔ - , × ↔ ÷ 서로 바꿔주기)

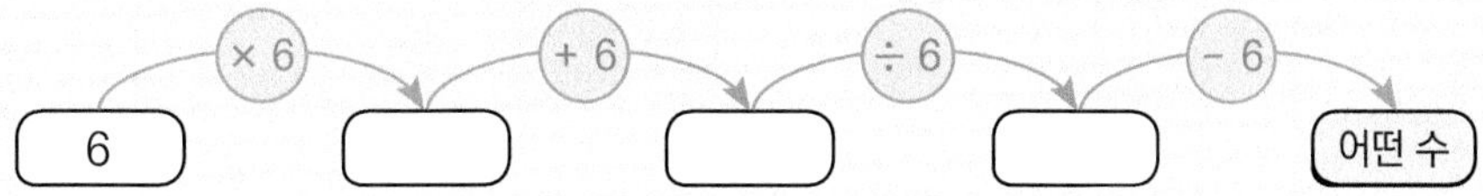

3. 계산해서 어떤 수를 찾습니다.

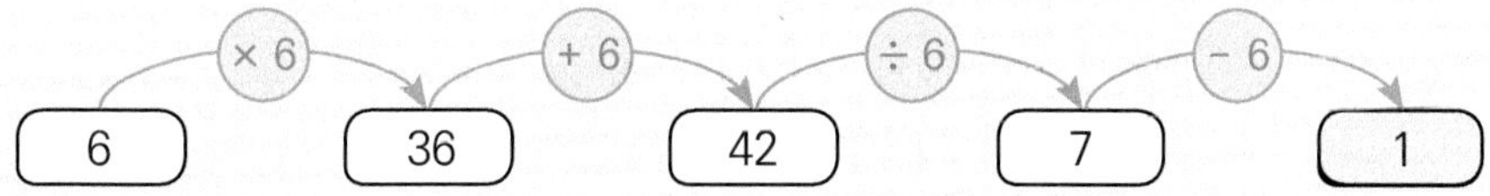

4. 따라서 어떤 수는 1입니다.

거꾸로 생각해서 원래 있던 초콜릿의 개수를 찾습니다.

1. 식을 표현합니다.

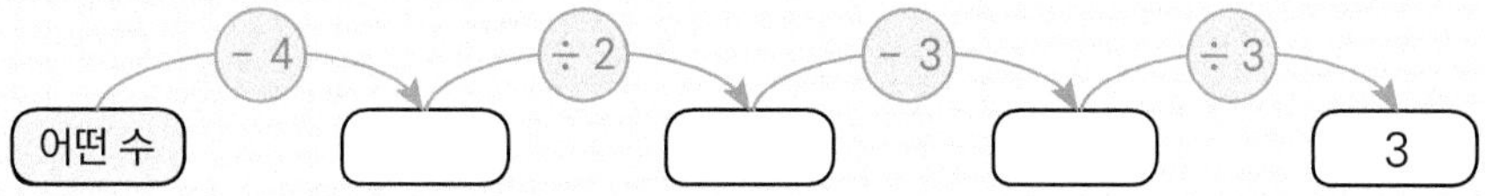

2. 거꾸로 연산하는 방법을 찾습니다. (+ ↔ - , × ↔ ÷ 서로 바꿔주기)

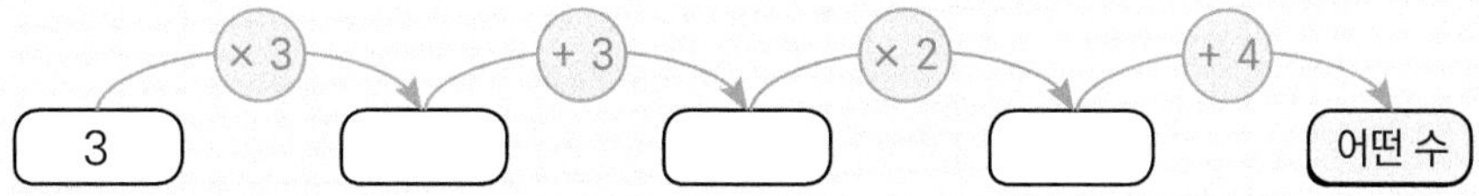

3. 계산해서 어떤 수를 찾습니다.

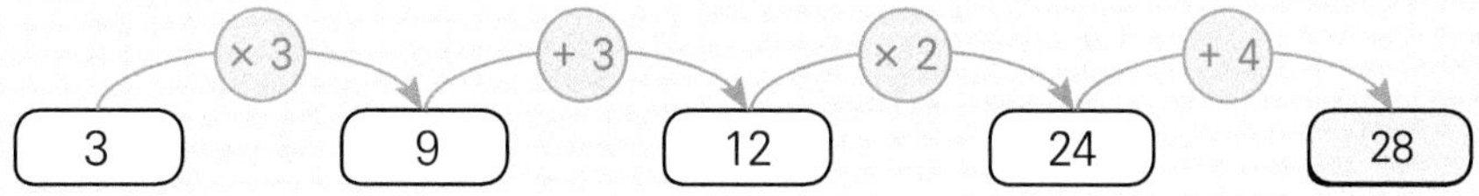

4. 따라서 처음에 있던 초콜릿의 개수는 28개입니다.

4 대표문제

1. 가정하여 풀기

숙소를 찾는 무우와 친구들
어디에서 1박을 할까?
일단 이쪽으로 가봐야지!
으음~
여기 어때? 괜찮을 것 같아!
예약을 하지 않았으니까, 방이 있는지 물어봐야 해!
괜찮네!
안녕하세요! 오늘 저희가 여기 묵을 수 있나요?
안녕하세요~
네 그럼요~ 지금 방은 이렇게 차 있어요.
그렇구나...!

직원이 답해준 내용이 다음과 같습니다. 2인실과 4인실은 각각 몇 개씩 차있는지 구하세요.

현재 저희 호텔에 묵는 사람은 총 82명이고 2인실과 4인실을 합쳐서 총 29개의 방에 사람들이 가득 차 있습니다.

(단, 호텔에는 2인실과 4인실만 있으며 2인실에는 2명씩, 4인실에는 4명씩 가득 차있습니다.)

Step 1 모든 방이 2인실이라고 생각해서 몇 명의 사람이 묵을 수 있는지 구하세요.

Step 2 직원이 말해준 인원 수와의 차를 구해서 4인실이 몇 개인지 구하세요.

Step 3 2인실과 4인실은 각각 몇 개씩 차 있는지 구하세요.

풀이

Step 1 현재 차있는 모든 방의 개수는 29개입니다. 모든 방이 2인실이라고 생각하면 현재 호텔에 묵는 사람은 29 × 2 = 58명입니다.

Step 2 직원이 말해준 현재 묵는 인원은 82명입니다.
모든 방이 2인실이라고 가정하면 묵는 인원은 58명이므로 인원 수의 차이는 82 - 58 = 24명입니다.
4인실은 24 ÷ (4 - 2) = 12개가 있습니다.

Step 3 총 29개의 방이 차 있으므로 4인실이 12개라면 2인실은 29 - 12 = 17개입니다.
따라서 2인실은 17개, 4인실은 12개가 차 있습니다.

정답 : 58명 / 12개 / 2인실 17개, 4인실 12개

문제 해결 TIP

모든 방이 2인실이라고 가정하고 인원수의 차이를 생각해서 문제를 해결합니다.

확인하기 1 무우는 500원짜리 연필과 800원짜리 펜을 섞어서 총 20자루를 샀는데 총 금액이 12400원 이었습니다. 무우는 연필과 펜을 각각 몇 자루씩 샀을지 적으세요.

확인하기 2 교내에서 수학 경시대회가 열렸습니다. 총 22문제인데 각 문제는 4점 또는 5점입니다. 만점이 100점이라면 4점짜리 문제와 5점짜리 문제는 각각 몇 개인지 구하세요.

2. 거꾸로 생각해서 풀기

비냐 델 마르의 명물인 꽃시계를 보러 갈 거야.
어서 가자!
기대 되네~
꽃시계
저게 그 꽃시계구나~
실제 시간 대로 바늘이 움직인대.
엄청 크다!
구경을 다 했으니 기념품을 사볼까?
저쪽에 기념품 가게가 있어!
어서가서 사야지~
탁 탁
2개의 가게에 가서 기념품을 사고 1200원이 남았어~
오오...
처음에 얼마가 있었던 거지?
돈이 남았네!?

무우는 첫 번째로 들어간 가게에서 가진 돈의 절반보다 1,000원 적은 금액으로 물건을 사고 난 후 두 번째로 들어간 가게에서는 남은 돈의 절반보다 600원 큰 금액으로 물건을 사서 나왔습니다. 가게 두 곳에서 기념품을 구입한 후 남은 금액이 1,200원이라면 기념품을 사기 전 무우가 가지고 있던 돈은 얼마일지 구하세요.

Step 1 무우는 두 번째 가게에서 얼마를 쓴 건지 구하세요.

Step 2 무우는 첫 번째 가게에서 얼마를 쓴 건지 구하세요.

Step 3 무우가 처음에 가지고 있던 돈은 얼마인지 구하세요.

문제 해결 TIP

거꾸로 생각해서 각 가게에서 얼마씩 쓴 것인지 구합니다.

Step 1 두 번째 가게에서는 첫 번째 가게에서 쓰고 남은 돈의 절반보다 600원 큰 금액을 썼으므로 남은 돈의 절반보다 600원 적게 남아 있습니다. 이때 남은 돈이 1200원 입니다. 아래와 같이 거꾸로 생각해서 무우가 두 번째 가게에 들어가기 전에 가지고 있던 금액은 다음과 같이 3,600원입니다.

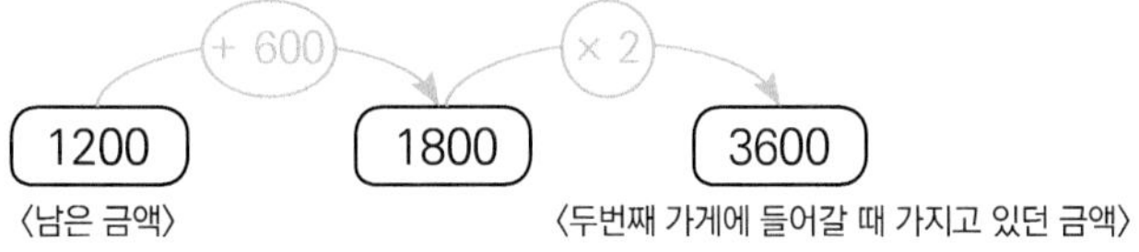

Step 2 첫 번째 가게에서 가진 돈의 절반보다 1,000원 적은 금액을 썼으므로 가진 돈의 절반보다 1000원 많은 금액이 남아 있습니다. 거꾸로 생각해서 무우가 첫 번째 가게에 들어가기 전에 가지고 있던 금액은 다음과 같이 5,200원입니다.

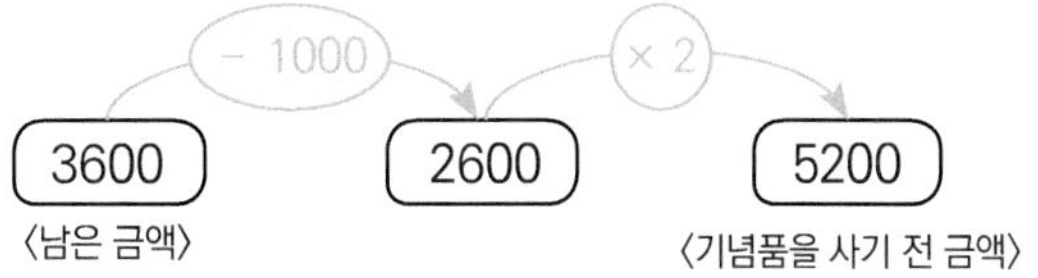

Step 3 무우가 두 군데의 기념품점에 들어가기 전에 가지고 있던 돈은 5,200원입니다.

정답 : 2,400원 / 1,600원 / 5,200원

확인하기

무우, 상상, 알알이는 다음과 같이 가지고 있던 구슬을 차례대로 주고받았습니다. 주고받은 후 세 사람이 가지고 있는 구슬이 각각 32개씩으로 같았다면, 주고받기 전에는 각자 몇 개의 구슬을 가지고 있었을지 구하세요.

1. 무우는 상상이와 알알이에게 그 친구들이 가지고 있는 구슬의 개수만큼 구슬을 줬습니다.
2. 무우에게 구슬을 받은 후 상상이는 무우와 알알이에게 그 친구들이 가지고 있는 구슬의 개수만큼 구슬을 줬습니다.
3. 상상이에게 구슬을 받은 후 알알이는 무우와 상상이에게 그 친구들이 가지고 있는 구슬의 개수만큼 구슬을 줬습니다.

4 연습문제

01 어떤 수 A에 3를 곱한 후 6을 빼고 2로 나눈 후 5를 더했더니 결과값이 41이 나왔습니다. 어떤 수 A를 구하세요.

02 어떤 식물은 하루에 길이가 2배로 증가합니다. 20일이 지난 후 식물의 길이가 192cm라면 식물의 길이가 10cm보다 짧았을 때는 현재로부터 며칠 전일지 구하세요.

03 상상이는 비가 오는 날은 대중교통을 이용해 하루에 12분을 걸어서 등교하고, 맑은 날에는 대중교통을 이용하지 않고 하루에 34분을 걸어서 등교합니다. 상상이가 18일 동안 걸은 시간의 총합이 458분일 때, 비가 온 날은 며칠인지 구하세요.

04 두 자리 수의 각 자리의 숫자를 계속 곱하면 한 자리 수가 됩니다. 같은 방식으로 각 자리의 숫자를 계속 곱해서 한 자리 수를 만들 때, 2가 되는 두 자리 수의 개수를 구하세요.

77 → 7 × 7 = 49 → 4 × 9 = 36
→ 3 × 6 = 18 → 1 × 8 = 8

05 제이는 수학대회에 참가했습니다. 이 대회에서의 문제는 총 15문제인데 1문제를 맞힐 때마다 3점을 얻고 1문제를 틀릴 때마다 2점을 깎습니다. 제이가 15문제를 모두 푼 후 받은 점수가 0점일 때, 제이가 맞힌 문제의 최대 개수를 구하세요.

06 알알이는 학교 매점에서 항상 같은 음료수를 사서 마십니다. 음료수가 1캔에 900원인데 어느 날 가격이 950원으로 올랐습니다. 알알이가 음료수 20캔을 사서 마시는데 쓴 돈이 18,350원이라면 알알이가 950원을 주고 사서 마신 음료수는 총 몇 캔인지 구하세요.

07 무우는 50원, 100원, 500원짜리 동전을 합쳐서 총 12개 가지고 있고 총금액은 3,000원입니다. 무우가 가지고 있는 각 동전의 개수를 구하세요.

08 무우는 동전을 던져서 앞면이 나오면 300원을 받고 뒷면이 나오면 100원을 내는 게임에 참여했습니다. 15번째 게임이 끝나고 무우가 받은 금액이 2,000원 이상이라면 동전의 앞면이 몇 번 이상 나와야 하는지 구하세요. (단, 동전은 반드시 앞면 또는 뒷면이 나오게 됩니다.)

09 무우, 상상, 알알이 총 3명이 게임을 하였습니다. 게임에서 진 사람은 자신이 가진 사탕의 절반을 나머지 2명에게 똑같은 개수로 나누어 주기로 하였습니다. 총 3 게임을 했는데 첫 번째 게임에서는 무우가 져서 사탕을 주고 두 번째 게임에서는 상상이가, 세 번째 게임에서는 알알이가 져서 사탕을 주었습니다. 게임이 끝난 후 3명의 친구 모두 16개의 사탕을 가지고 있었다면 게임을 시작하기 전에 무우가 가지고 있던 사탕은 몇 개였을지 적으세요.

4 심화문제

01 A, B, C 상자에 서로 다른 개수의 귤이 들어 있습니다. 〈보기〉에 적힌 과정으로 각 상자에 들어 있는 귤을 차례대로 옮겼을 때, 모든 과정이 끝난 후 각 상자에 들어 있는 귤이 38개로 모두 같았습니다. 〈보기〉의 과정을 시작하기 전에 B 상자에 들어 있던 귤의 개수를 구하세요.

보기

1. 〈예시〉와 같이 A 상자에서 귤을 꺼내서 B 상자, C 상자로 각각 옮겨 담습니다.
2. 〈1〉을 완료한 후 〈예시〉와 같이 B 상자에서 귤을 꺼내 A 상자, C 상자로 각각 옮겨 담습니다.
3. 〈2〉를 완료한 후 〈예시〉와 같이 C 상자에서 귤을 꺼내서 A 상자, B 상자로 각각 옮겨 담습니다.

〈예시〉

B 상자, C 상자에 각각 5개, 8개의 귤이 있다면, A 상자에서 그보다 2개씩 많은 개수인 7개, 10개의 귤을 꺼내서 B 상자, C 상자로 옮겨 담습니다.

02 어떤 수 A를 조건에 따라 계산해서 어떤 수 B를 만들고 어떤 수 B를 조건에 따라 계산했더니 결괏값이 7이 되었습니다. 어떤 수 A가 될 수 있는 수를 모두 구하세요.

조건

1. 어떤 수 A, B가 홀수면 2를 곱하고 3을 뺍니다.

2. 어떤 수 A, B가 짝수면 2 로 나눕니다.

03 40명의 사람이 쪽지 시험을 보고 있습니다. 쪽지 시험의 문제 수는 5개인데 40명의 사람이 맞힌 문제 수의 총합은 102개입니다. 2문제를 맞힌 사람과 3문제를 맞힌 사람의 수는 같고 1문제를 맞힌 사람은 8명, 4문제를 맞힌 사람은 6명일 때, 모든 문제를 맞힌 사람의 수를 구하세요. (단, 문제를 모두 틀린 사람은 없습니다.)

정답 및 풀이 P.21

04 교회에 2인용 의자와 5인용 의자 총 2종류가 있습니다. 총의자의 개수는 50개인데 210명이 앉았을 때 남는 의자가 없이 한 자리만 남았습니다. 2인용 의자와 5인용 의자는 각각 몇 개인지 구하세요.

4 창의적문제해결수학

01 <보기>의 이야기를 읽던 무우는 고민에 빠졌습니다.

보기

3명의 여행객이 숙소를 잡으러 호텔에 왔습니다. 이 3명은 각각 금화 10개씩 총 30개의 금화를 내고 방을 잡았습니다.
얼마 후 직원 A는 이들이 묵는 방의 가격이 금화 25개인 것을 확인하고 직원 B에게 금화 5개를 주면서 그 3명에게 다시 돌려 주라고 했습니다.
금화 5개를 3명에게 어떻게 돌려줄지 고민하던 직원 B는 본인이 금화 2개를 가지고 남은 금화 3개를 각각 1개씩 3명에게 돌려주었습니다.

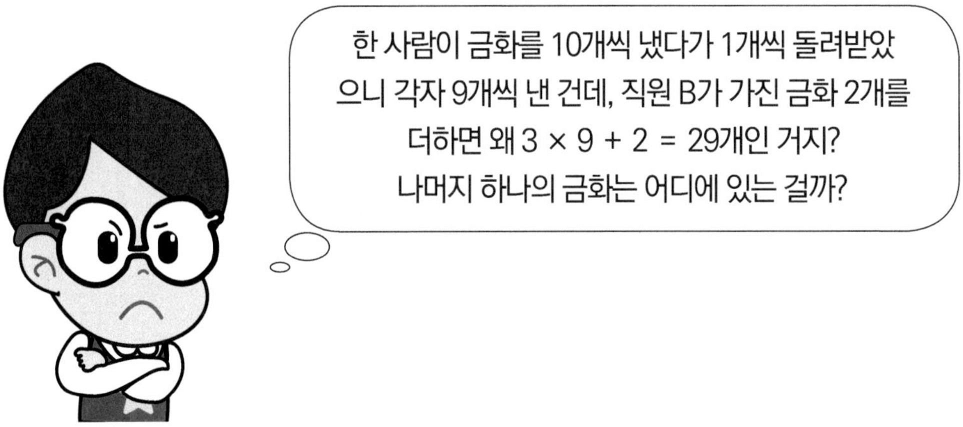
한 사람이 금화를 10개씩 냈다가 1개씩 돌려받았으니 각자 9개씩 낸 건데, 직원 B가 가진 금화 2개를 더하면 왜 3 × 9 + 2 = 29개인 거지?
나머지 하나의 금화는 어디에 있는 걸까?

무우의 고민이 위와 같을 때, 무우가 잘못 생각한 부분이 무엇인지 적으세요.

여기서부터 가위바위보 하면서 올라가자.
좋아! 규칙을 정해서 해볼까?
재미 있겠다!
이건 어때? 이기면 4칸을 올라가고 지면 1칸을 내려가는 거야.
괜찮네~ 지금부터 시작!
가위~ 바위~
누가 이길까?

무우와 상상이는 〈보기〉의 규칙으로 계단에서 가위바위보 게임을 하려고 합니다.

보기

1. 100개의 계단 중 50번째 계단에 둘이 함께 서서 게임을 시작합니다.
2. 가위바위보 게임을 해서 이긴 사람은 4칸을 올라가고 진 사람은 1칸 내려갑니다.
3. 비기는 경우는 경기에서 제외합니다.

무우와 상상이가 가위바위보 게임을 총 20경기를 한 후 무우는 100개의 계단 중 90번째 계단에 있었습니다. 상상이는 100개의 계단 중 몇 번째 계단에 있었을까요?

칠레에서 넷째 날 모든 문제 끝!
우유니로 이동하는 무우와 친구들에게 어떤 일이 일어날까요?

정다각형 만들기!

3개 이상의 선분으로 둘러싸인 평면도형을 다각형이라고 합니다.

그 중에서 각 변의 길이가 모두 같은 아래와 같은 다각형들을 정다각형이라고 합니다.

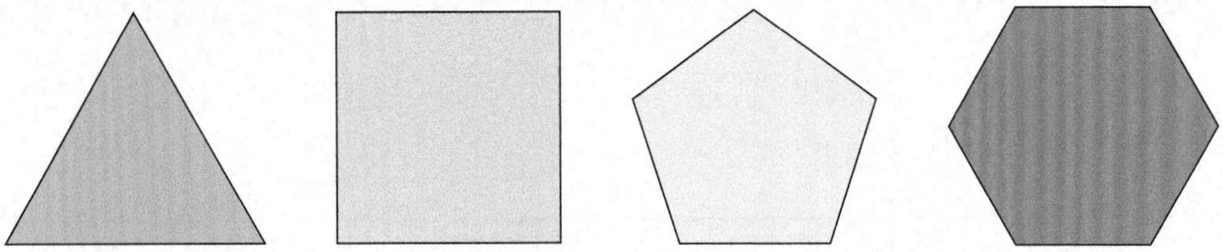

〈정삼각형〉 〈정사각형〉 〈정오각형〉 〈정육각형〉

정다각형은 원의 둘레를 일정한 간격으로 나누어서 만들 수 있습니다.

(예) 정삼각형 만드는 방법

i) 원의 둘레에 일정한 간격으로 3개의 점을 찍습니다.

ii) 찍은 3개의 점끼리 이으면 정삼각형이 됩니다

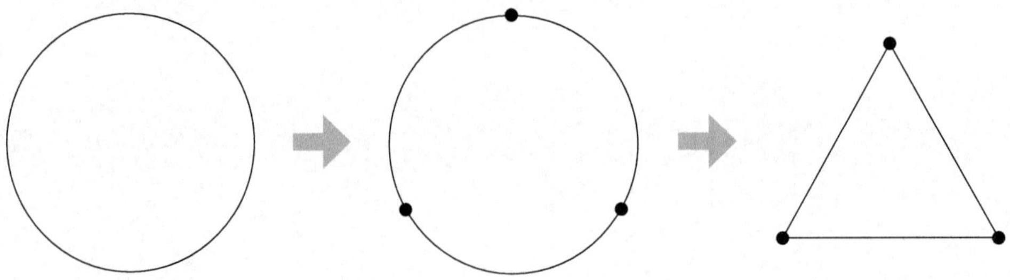

5. 간격 문제

뭐하고 있어, 제이야?
갸웃
짠~! 앞으로 갈 여행지를 간단한 그림으로 그려 봤지.
짜잔~!
오! 어디 한 번 볼까?
잘그렸는데?
이 장소들을 꼭짓점이라고 생각하고 선을 이으면 도형을 만들 수 있을 것 같은 걸?
한번 줘봐!
어디 어디?
예!~
꼭짓점 사이의 길이가 같으니까, 이 도형은 정다각형이야.
꼭짓점이 총 5개 이니까 정오각형이네!
신기해~!
어때?

산 페드로 데 아따까마
비냐 델 마르
발파라이소
산티아고
칠레
Chile

칠레 다섯째 날 DAY5

무우와 친구들은 칠레에 도착한 다섯째 날, <산 페드로 데 아따까마>에 도착했어요. 산 페드로 데 아따까마에 있는 <달의 계곡>을 여행할 예정이에요. 자, 그럼 <산 페드로 데 아따까마>로 향하면서 만나게 될 수학 문제를 친구들과 함께 풀어볼까요?

5 간격 문제 단원 살펴보기

궁금해요

비냐 델 마르 기차역
우리가 가야할 곳은 산 페드로 데 아따까마야.
흐음
총거리는 360km이고, 45km 마다 역이 있대.
그럼 우리가 도착할 때까지 거쳐 갈 역은 총 몇 개야?
한 번 계산해볼게!

일행들이 출발한 비냐 델 마르 역부터 도착역인 산 페드로 데 아따까마 역까지 총거리는 360km입니다. 45km 간격으로 역들이 있다면 일행들은 총 몇 개의 역을 지나쳐서 산 페드로 데 아따까마 역까지 이동하는지 구하세요.(단, 출발역과 도착역은 포함하지 않습니다.)

출발역
비냐 델 마르
도착역
산 페드로 데 아따까마

1. 구간을 나누는 방법

길이가 같은 선분을 점을 이용해서 5개의 구간으로 나누는 방법은 다음과 같습니다.

1. 선분의 양 끝에 점을 찍는 경우 : ●—●—●—●—●—●

5개의 구간으로 나누기 위해서 6개의 점이 필요합니다.
(필요한 점의 개수) = (구간의 개수) + 1

2. 선분의 한쪽 끝에만 점을 찍는 경우 : ●—●—●—●—●—

5개의 구간으로 나누기 위해서 5개의 점이 필요합니다.
(필요한 점의 개수) = (구간의 개수)

3. 선분의 양 끝점에 점을 찍지 않는 경우 : 

5개의 구간으로 나누기 위해서 4 개의 점이 필요합니다.
(필요한 점의 개수) = (구간의 개수) - 1

4. 원의 둘레를 나누는 경우

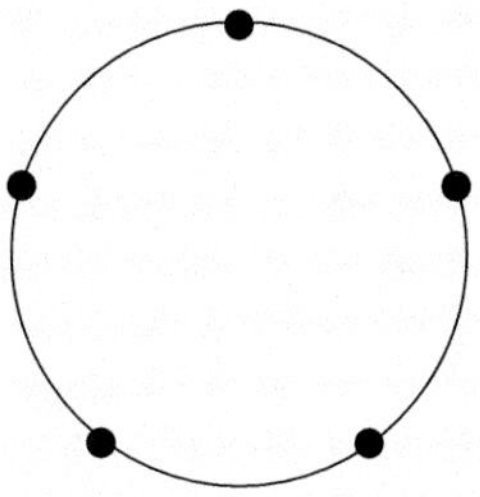

5개의 구간으로 나누기 위해서 5개의 점이 필요합니다.
(필요한 점의 개수) = (구간의 개수)

5. 계단에서의 구간 나누기

△칸에서 □칸까지 올라가면 총 (□ - △)개의 칸을 올라갔습니다.
예) 4층에서 7칸까지 올라갈 때, 올라간 칸의 개수는
(예) (7 - 4) = 3개의 칸을 올라갑니다.

정답

45km 간격으로 역이 있으므로 역과 역 사이를 하나의 구간이라 생각하면 한 구간의 길이는 45km입니다.
총거리는 (한 구간의 길이 × 구간의 개수)입니다.
총거리는 360km이고 60 ÷ 45 = 8이므로 구간의 개수는 8개입니다.

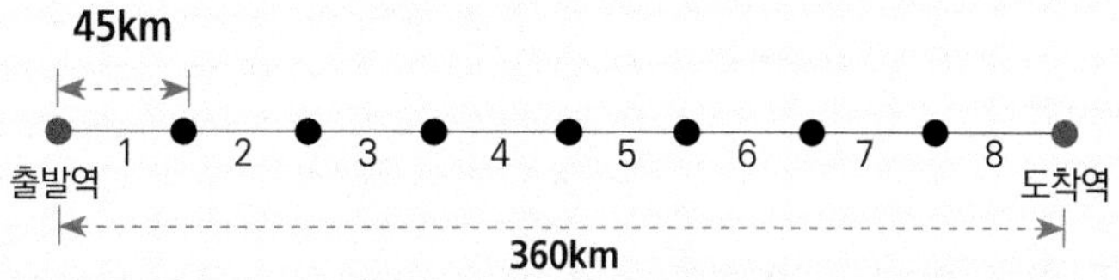

한 선분의 양 끝점에 점을 찍지 않고 8개의 구간으로 나누기 위한 점의 개수는 (구간의 개수) - 1입니다.
필요한 점의 개수는 8 - 1 = 7개입니다.
따라서 출발역과 도착역 사이에 있는 역의 개수는 총 7개입니다. (정답)

5 대표문제

1. 건물 오르기

예약한 숙소에 도착한 무우와 친구들
얼른 들어가서 짐부터 풀자!
도착~!
좋아~!
고장
이런, 엘리베이터가 고장 났나 본데?
뭐~!? 그럼 어떡해!
잉?
헉~!!
우리 방은 몇 층이야?
음….
6층이야.
계단으로 올라가야 해?
할 수 없지! 우리가 동생들 가방을 옮겨 주자. 내가 3층부터 옮길게!
내가 더 힘든 것 같은데..?
으쌰~!

각 층 사이에는 16개의 계단이 있습니다. 무우는 1층 ~ 3층까지, 상상이는 3층 ~ 6층까지 가방을 옮기려 합니다.
다음 물음에 답하세요.

Step 1 각 층 사이를 한 구간이라고 생각하고 무우와 상상이가 오른 구간의 수를 구하세요.

Step 2 구간마다 있는 계단 수를 생각해서 무우와 상상이가 올라간 계단의 수를 구하세요.

Step 3 둘이서 똑같은 계단 수만큼 올라가려면 어느 지점에서 교대해야 하는지 구하세요.

문제 해결 TIP

일행들의 방은 6층이지만 올라가야 하는 층의 개수는 5층입니다.

Step 1 각층을 선분에 표현하면 다음과 같습니다.

1층에서 3층까지 짐을 옮긴 무우는 2개의 구간만큼 이동했고 3층에서 6층까지 짐을 옮긴 상상이는 3개의 구간만큼 이동했습니다.

Step 2 각층 사이에는 16개의 계단이 있습니다. 2개의 구간을 이동한 무우와 3개의 구간을 이용한 상상이가 올라간 계단의 수는 다음과 같습니다.
무우가 올라간 계단의 수 : $16 \times 2 = 32$개
상상이가 올라간 계단의 수 : $16 \times 3 = 48$개

Step 3 현재는 상상이가 무우보다 16개의 계단을 더 올라갔습니다.
따라서 무우와 상상이가 같은 개수의 계단을 올라가기 위해서 무우가 8개의 계단을 더 올라가야 하고 공평한 교대 지점은 3층과 4층의 중간(8번째 계단)이 됩니다.

정답 : 무우는 2 구간, 상상이는 3 구간 / 무우는 32개, 상상이는 48개 / 3층과 4층의 중간(8번째 계단)

확인하기 1

무우와 상상이가 동시에 1층에서 출발해서 각각 일정한 빠르기로 계단을 올라갑니다. 무우가 4층에 도착했을 때 상상이가 7층에 있었습니다. 상상이가 19층에 있을 때, 무우는 몇 층에 있을까요?

확인하기 2

알알이와 제이가 동시에 15층에서 출발해서 각각 일정한 빠르기로 계단을 내려갑니다. 알알이가 12층에 도착했을 때 제이가 13층에 있었습니다. 알알이가 6층에 도착했을 때, 제이는 몇 층에 있을까요?

5 대표문제

2. 나무 심기

차를 타고 달의 계곡으로 갈 거야.
어서 타자!
좋아~!
이것 봐! 여긴 세하 소금 호수야. 잠깐 내려서 구경하자.
소금 호수라니 신기해!
근처에 나무가 한 그루도 없네?
텅~
썰렁~
음~...
5m
...
이렇게 심으면 총 몇 그루를 심을 수 있을까?

일행들이 간 소금호수의 둘레는 250m입니다. 5m 간격으로 나무를 심으면 총 몇 그루의 나무를 심을 수 있을지 구하세요.

둘레 : 250m

Step 1 나무와 나무 사이를 하나의 구간으로 볼 때, 5m 간격으로 나무를 심으면 총 몇 개의 구간이 나오는지 구하세요.

Step 2 5m 간격으로 나무를 심기위한 나무는 총 몇 그루인지 구하세요.

풀이

Step 1 총 둘레는 (구간의 개수) × (구간의 길이)입니다.
모든 구간의 길이가 5m이므로 구간의 개수는 250 ÷ 5 = 50개입니다.

Step 2 원의 둘레를 □개의 구간으로 나누기 위한 점의 개수는 □개입니다.
250m의 호수 둘레에 5m 간격으로 나무를 심으면 총구간의 개수는 50개가 나옵니다. 따라서 50그루의 나무가 필요합니다.

정답 : 50개 / 50그루

문제 해결 TIP

총 둘레의 길이 = (구간의 개수) × (구간의 길이)

확인하기 1

원형 모양의 달리기 경기장의 둘레는 400m입니다. 경기장에 20m 간격으로 카메라를 설치하려면 필요한 카메라의 개수는 몇 개인지 구하세요.

확인하기 2

무우가 학교까지 걸어가는 거리는 350m입니다. 걸어가는 길에 가로수가 7m 간격으로 있다면 학교까지 가는 길에 있는 가로수의 개수는 몇 개인지 구하세요. (단, 양 끝점에도 가로수가 심어져 있습니다.)

확인하기 3

312m의 철사를 3m 간격으로 자르기 위해서 총 몇 번 잘라야 하는지 구하세요. (단, 철사를 겹쳐서 자르지 않습니다.)

01 무우와 상상이가 동시에 3층에서 출발해서 각각 일정한 빠르기로 계단을 올라갑니다. 무우가 11층에 도착했을 때 상상이가 9층에 있었습니다. 무우가 15층에 있을 때, 상상이는 몇 층에 있을지 구하세요.

02 둘레가 128m인 호수의 둘레에 16m 간격으로 가로등을 세우고 가로등과 가로등 사이에는 3개의 나무를 심으려 합니다. 필요한 가로등과 나무의 개수를 구하세요.

03 주차장에 같은 종류의 버스 20대가 일렬로 주차되어 있습니다. 버스의 길이는 5m이고 버스와 버스 사이의 간격은 1m일 때, 첫 번째 버스의 가장 앞부분부터 마지막에 있는 버스의 가장 뒷부분까지의 길이를 구하세요.

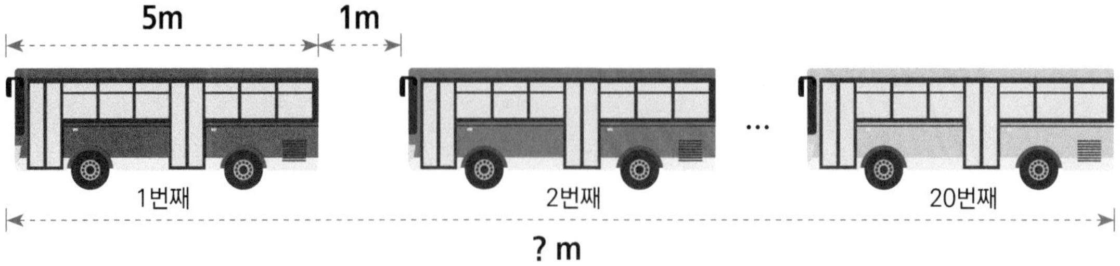

04 정삼각형 모양의 화단이 있습니다. 정삼각형의 녹색 부분에 나무를 심는데, 한 변에 3개의 나무만 있도록 심으려 합니다. 필요한 나무의 개수로 알맞은 수를 모두 구하세요.

05 한 목수가 굵기가 일정한 통나무를 1회 자르는 데 5분씩 걸리고 1회 자른 후 2분간 쉬면서 작업을 한다고 합니다. 이 목수가 길이가 18m인 통나무를 3m인 도막으로 모두 자르기 위해서 총 몇 분이 걸리는지 구하세요.

06 다음 물음에 답하세요.

1. 남학생 18명이 원형으로 서 있습니다. 2명의 남학생 가운데에 1명의 여학생이 서 있게 하려면 몇 명의 여학생이 필요한지 구하세요.

2. 남학생 18명이 일렬로 서 있습니다. 2명의 남학생 가운데에 1명의 여학생이 서 있게 하려면 몇 명의 여학생이 필요한지 구하세요.

07 무우는 배를 타고 노를 저어 강을 거슬러 올라가고 있습니다. 낮에는 노를 열심히 저어서 3km만큼 올라가고 밤에는 잠이 들어서 노를 젓지 않아 강물에 1km만큼 떠내려온다고 합니다. 19일에 출발한 무우는 며칠에 20km 떨어진 목적지에 도착할지 구하세요.

08 알알이는 길이가 36cm인 철사를 4cm 길이의 도막으로 모두 자르는데 24분이 걸립니다. 같은 길이의 철사를 3cm 길이인 도막으로 모두 자른다면 몇 분이 걸릴지 구하세요.

09 상상이는 걸어서 1층에서부터 4층까지 올라가는 데 45초가 걸립니다. 뛰어서 올라간다면 걸어서 올라가는 것에 비해 3배의 속도로 올라갈 수 있는데 한층을 올라간 후 5초를 쉬었다가 갑니다. 상상이가 1층에서부터 9층까지 뛰어 올라갈 때, 걸리는 시간을 구하세요.

10 한 도로에 나무들이 2m 간격으로 심어져 있습니다. 이 나무들을 같은 길이의 도로에 3m 간격으로 옮겨서 심었더니 5그루의 나무가 남았을 때, 도로의 길이를 구하세요. (단, 도로의 양 끝에 나무를 심습니다.)

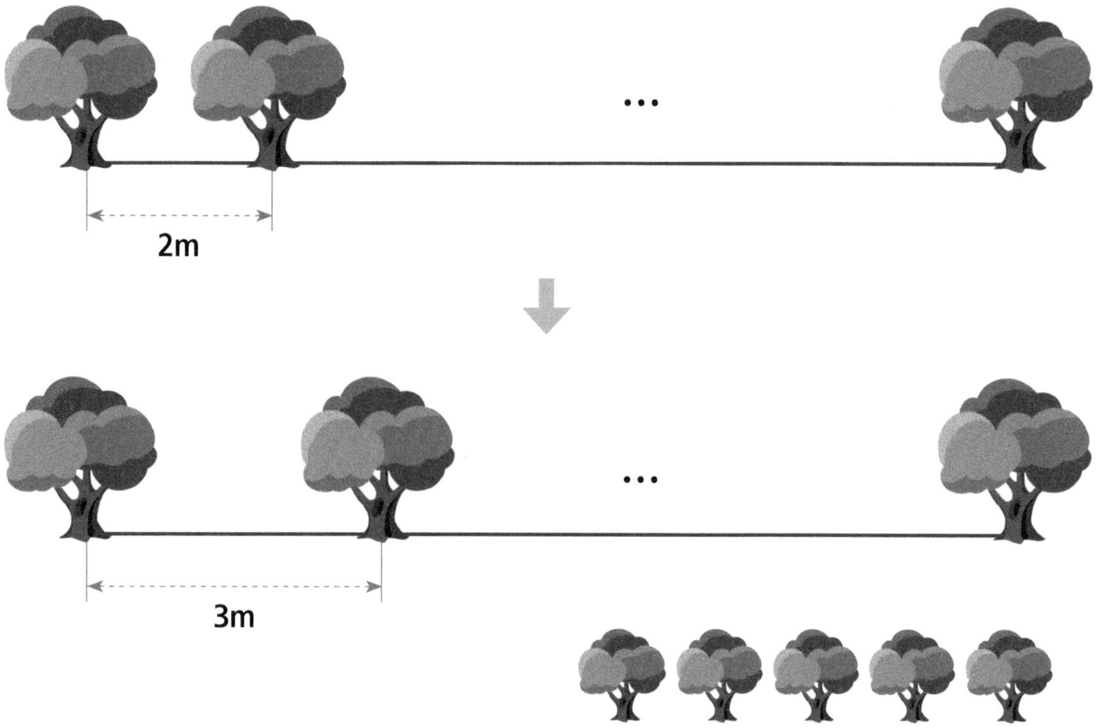

01 가로 70m, 세로 42m 직사각형 모양의 공원 둘레에 일정한 간격으로 가로등을 설치하려고 합니다. 직사각형의 꼭짓점에는 반드시 가로등을 설치하고, 가장 적은 개수로 가로등을 설치하기 위해서 가로등은 총 몇 개가 필요한지 구하세요.

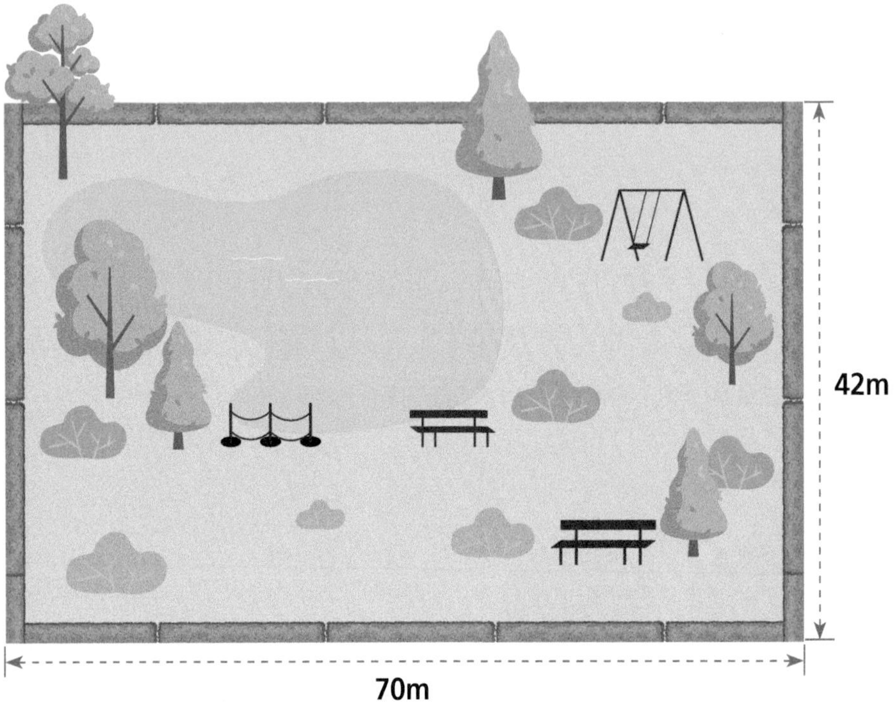

정답 및 풀이 P.25

02 길이가 30mm인 쇠로 된 고리를 여러 개 엮으려 합니다. 고리의 두께가 2mm일 때, 10개의 고리를 한 줄로 엮고 팽팽하게 당겼을 때의 전체 길이를 구하세요.

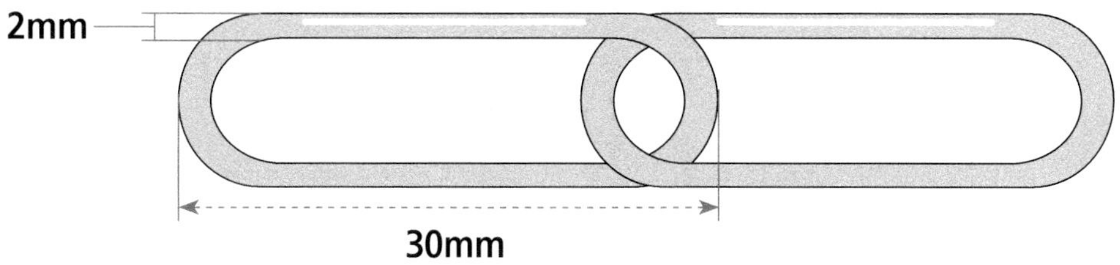

03 도로의 양쪽에 있는 화단 1에는 가로등을, 화단 2에는 가로수를 심으려 합니다. 가로등은 4m 간격, 가로수는 3m 간격으로 각 화단의 양 끝점을 포함하여 설치하였더니 가로등의 개수와 가로수의 그루 수의 합이 30이었습니다. 도로의 길이를 구하세요.

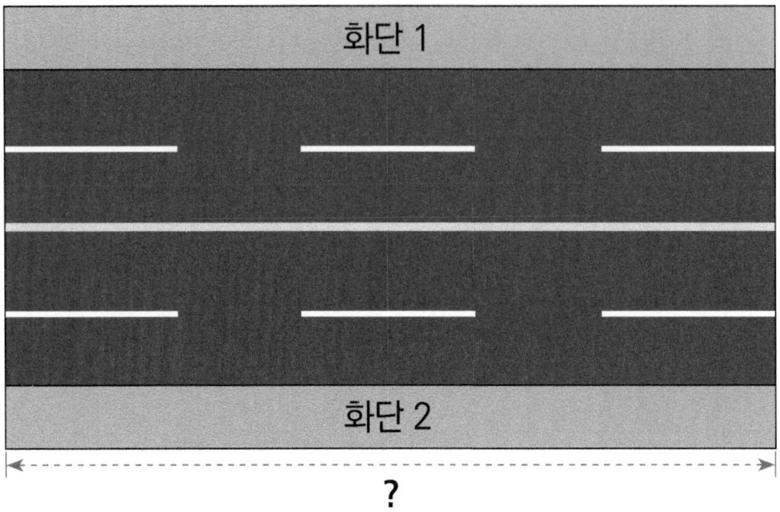

정답 및 풀이 P.26

04 제이는 15층짜리 아파트의 8층에 살고 있는데, 아파트의 계단을 아래와 같은 과정으로 오르내리면서 운동합니다. 제이가 1층에서 출발해서 15층에 도착할 때까지 걸리는 시간이 10분일 때, 제이가 1층에서 출발해서 아파트의 계단을 2회 왕복하고 집까지 걸어서 올라갈 때까지 걸리는 시간을 구하세요.

1. 1층에서 15층까지 올라갔다가 다시 1층으로 내려오는 것을 1회 왕복합니다.

2. 7개의 층을 올라갈 때마다 3분씩 쉽니다.

3. 내려갈 때의 속도는 올라갈 때의 속도의 2배입니다.

4. 내려갈 때는 중간에 쉬지 않고 1층에 도착해서 3분 쉽니다.

5 창의적문제해결수학

01 무우는 식목일을 기념해서 10개의 나무를 심으려 합니다. 나무들을 어떻게 심을지 고민하던 무우는 10개의 나무를 적절하게 배치해서 한 줄에 4그루씩 총 5줄이 되도록 나무를 심었습니다. 무우가 나무를 심은 모양을 그리세요.

달의 계곡을 오르는 무우와 친구들
5km 정도의 오르막길을 올라 가야 한대.
엄청나게 높다!
얼른 올라가서 저녁에 정상에서 일몰을 감상하자!
후후
각자 속도에 맞춰서 올라가자. 정상에서 만나!
늦게 올라가면 일몰을 보지 못하니까 조심해야 해!
이따가 정상에서 보자~~

무우와 친구들은 <보기>와 같이 각자의 속도에 맞춰서 달의 계곡을 올라갑니다. 친구들이 오후 6시 반에 있을 일몰을 보기 위해 정확히 오후 3시에 출발해서 달의 계곡을 올라갑니다. 각 친구가 정상에 도착한 시간을 구해서 일몰을 구경하지 못한 친구는 누구일지 구하세요. (단, 각 친구는 각각 일정한 속도로 올라가며 총거리는 4,800m입니다.)

보기

무우, 제이 : 400m를 가는 데 10분이 걸리고 400m를 갈 때마다 5분씩 쉽니다.

상상, 알알 : 무우와 제이보다 2배 느리게 걷고 1,600m를 갈 때마다 5분씩 쉽니다.

칠레에서 다섯째 날 모든 문제 끝!
토레스 델 파이네로 이동하는 친구들에게 과연 어떤 일이 일어날까요?

13일의 금요일

9월

일	월	화	수	목	금	토
1	2	3	4	5	6	7
8	9	10	11	12	13	14
15	16	17	18	19	20	21
22	23	24	25	26	27	28
29	30					

▲ 13일의 금요일

13일의 금요일은 서양인들이 불길하게 여기는 날로 유명합니다. 불길하게 여기는 정확한 이유는 없지만, 일반적으로 예수가 십자가형을 당한 날이 13일의 금요일이었기 때문이라고 합니다.

13일의 금요일은 반드시 최소한 1년에 1일 이상 나올 수 있게 되는데 1년 중 하루의 날짜와 요일을 안다면 배수 관계를 이용해서 찾아낼 수 있습니다.

예를 들어 2월 13일이 금요일이었다면 2월은 28일까지이므로 3월 13일도 금요일입니다.

만약 9월 13일이 13일의 금요일이었다면 그 해에 어떤 달이 13일의 금요일 일지 생각해 보세요.

6. 배수의 활용

지금부터 다음 여행지에서 갈 트래킹 코스 예약을 할 거야.
예약이 꽉 차진 않았겠지?
괜찮아! 13일의 금요일은 예약한 사람이 별로 없더라고.
이유가 뭘까?
앗! 생각났어. 13일의 금요일은 불길한 날이라는 소문이 있어서 그렇대.
흐흐
그래서 사람이 적었나?
으음.. 불길한 날이라고? 정말 신청해도 괜찮아?
괜찮겠지...?
달력은 배수 관계니까, 1년에 한 번은 꼭 있는 날이라고 생각하자.

산 페드로 데 아따까마
비냐 델 마르
발파라이소
산티아고
칠레
Chile
토레스 델 파이네

칠레 여섯째 날 DAY 6

무우와 친구들은 칠레에 도착한 여섯째 날, <토레스 델 파이네>에 도착했어요. 토레스 델 파이네 국립공원 트래킹 코스를 돌며 <그레이 빙하>, <밀로돈 동굴>을 여행할 예정이에요. 무우와 친구들이 함께 트래킹을 하며 만나게 될 수학 문제를 풀어볼까요?

6 배수와 약수 단원 살펴보기

궁금해요

토레스 델 파이네 국립공원
지금부터 여기에서 트래킹을 시작할 거야.
트래킹 코스는 A, B, C 코스로 총 3개가 있네~
어서 가보자~
우리는 A코스를 신청했어.
저기요, 가이드님~ 다른 코스는 몇 명이 신청했나요?
사람 많다~
웅성
웅성

가이드는 무우의 물음에 아래와 같이 대답했습니다. 각 코스를 신청한 사람 수를 구하세요.

3 코스를 합쳐서 총 132명이 신청했는데, A 코스를 신청한 사람은 B 코스를 신청한 사람보다 5명이 많고 B 코스를 신청한 사람은 C 코스를 신청한 사람보다 5명이 많아요 ~

1. 배수와 약수

A. 배수란

어떤 수에 1, 2, 3, 4, 5, ...를 곱해서 나온 값을 어떤 수의 배수라고 합니다.

예 2에 3을 곱하면 6입니다. 따라서 6은 2의 배수입니다.

B. 약수란

어떤 수를 나누었을 때, 나머지가 없이 나누어 떨어지게 하는 수를 어떤 수의 약수라고 합니다.

예 9를 3으로 나누었을 때, 몫은 3이고 나머지는 0입니다. 따라서 3은 9의 약수입니다.

1. 어떤 수의 배수 중 가장 작은 배수는 자기 자신입니다.

예 2의 배수 중 가장 작은 수는 2에 1을 곱한 2입니다.

2. 어떤 수의 약수 중 가장 큰 약수는 자기 자신입니다.

예 2를 2로 나누었을 때, 몫은 1이고 나머지는 0입니다. 따라서 2는 2의 약수입니다.

C. 합, 차와 배수의 관계

큰 수가 작은 수의 배수라면 두 수의 합, 차와 배수의 관계는 다음과 같습니다.

1. 두 수의 합 = 작은 수 × (곱한 수 + 1)

예 2와 8이 있다면 2 × 4 = 8이므로 곱한 수는 4입니다. 두 수의 합은 10으로 10 = 2 × (4 + 1)입니다.

2. 두 수의 차 = 작은 수 × (곱한 수 - 1)

예 3과 9가 있다면 3 × 3 = 9이므로 곱한 수는 3입니다. 두수의 차는 6으로 6 = 3 × (3 - 1)입니다.

각 코스를 신청한 사람 수를 선분으로 나타내면 그림과 같습니다.

A 코스를 신청한 사람 중 5명을 C 코스로 보내면 3개의 코스를 신청한 사람의 수는 모두 같아집니다.

각 코스를 신청한 사람 수가 모두 같다고 생각하면 132 ÷ 3 = 44이므로 각 코스를 신청한 사람은 44명입니다.

여기서 C 코스를 신청한 사람 중 5명을 A 코스를 신청한 사람으로 다시 보내면 아래와 같이 각 코스를 신청한 사람의 수를 알 수 있습니다.

A 코스를 신청한 사람 수 : 44 + 5 = 49명

B 코스를 신청한 사람 수 : 44명

C 코스를 신청한 사람 수 : 44 - 5 = 39명

1. 합과 배수의 활용

토레스 델 파이네 국립공원
지금부터 그레이 빙하를 보러 간대.
후후
투어 가이드
그럼 어서 출발해 볼까?
기대된다~
제이랑 나는 숙소 앞 벤치에서 좀 더 쉬다가 출발할게.
알았어. 푹 쉬다가 와~
우리는 가자~
우린 이미 다 보고 이제 숙소로 돌아갈 거야.
여보세요~
우리는 지금부터 출발할 거야!
히히
빙하가 엄청 멋있으니까 얼른 가서 보는 게 좋을걸?
좋아! 제이야, 우리도 가자~
숙소
좋아~

일행들의 숙소에서 그레이 빙하 전망대까지의 거리는 5,100m입니다. 무우와 알알이는 전망대에서, 상상이와 제이는 숙소에서 동시에 서로를 향해 출발했는데 출발하고 2시간 후 만나게 되었습니다. 무우와 알알이는 내리막길, 상상이와 제이는 오르막길이어서 무우, 알알이의 걷는 속도가 상상이, 제이의 걷는 속도의 2배였다면 각 친구는 1시간에 몇 m씩 걸은 것인지 구하세요.

Step 1 (무우, 알알이)와 (상상이, 제이)가 만날 때까지 걸은 거리의 합을 구하세요.

Step 2 배수 관계를 생각해서 (상상이, 제이)가 (무우, 알알이)를 만날 때까지 올라간 거리를 구하세요.

Step 3 각 친구는 1시간에 몇 m씩 걸은 것인지 구하세요.

정답 및 풀이 P.27

문제 해결 TIP

서로 마주 보고 온다면 만날 때까지 친구들이 걸은 거리의 합은 전체 거리가 됩니다.

Step 1 친구들이 내려온 거리를 선분으로 나타내면 다음과 같습니다.

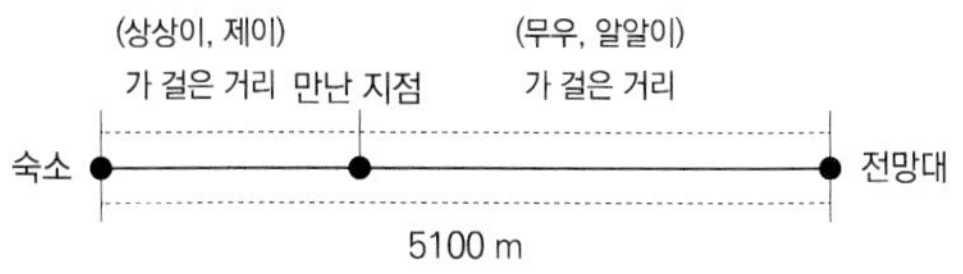

(무우, 알알이)와 (상상이, 제이)가 만날 때까지 걸은 거리의 합은 전체 거리인 5,100m입니다.

Step 2 (무우, 알알이)는 (상상이, 제이)의 2배 속도로 걸어가므로 (상상이, 제이)가 ★ 만큼 걸었다면 (무우, 알알이)는 2 × ★ 만큼 걸었습니다.
두 수의 합 = 작은 수 × (곱한 수 + 1)이므로 5100 = ★ × (2 + 1)입니다.
(상상이, 제이)가 만날 때까지 ★ = 1700m만큼 걸었습니다.

Step 3 (상상이, 제이)가 2시간 동안 걸은 거리가 1,700m이므로 (상상이, 제이)가 1시간 동안 걸어간 거리는 850m입니다.
(무우, 알알이)는 (상상이, 제이)의 2배의 속도이므로
1시간 동안 850 × 2 = 1,700m를 걸었습니다.

정답 : 5100m / 850m / (무우, 알알이) : 1,700m, (상상이, 제이) : 850m

확인하기 1

무우가 다니는 초등학교의 선생님은 총 72명입니다. 여자 선생님의 수가 남자 선생님의 수보다 3배 많다면 여자 선생님과 남자 선생님은 각각 몇 명일지 구하세요.

확인하기 2

무우가 다니는 초등학교의 학생 수는 1,770명입니다. 이 중 여학생의 수가 남학생의 수의 2배보다 30명 더 많습니다. 여학생과 남학생은 각각 몇 명인지 구하세요.

2. 차와 배수의 활용

캠핑 숙소로 돌아온 무우와 친구들
오늘은 텐트에서 잘 거야! 장작은 창고에서 가져가면 된대.
장작으로 텐트를 따뜻하게 하자!
무슨 일이 있나? 바깥이 소란스러운데..
헉..! 저기 연기 좀 봐! 불이라도 났나?
창고에 불이 났었나 봐. 소방차가 와있어!
장작 창고였나봐. 불이 꺼져서 다행이다..
불은 껐지만 장작이 너무 많이 타 버렸네….
불이 나기 전에는 장작이 몇 개 있었을까?

숙소에는 2개의 장작 창고 A, B가 있습니다. 불이 나기 전에 A 창고에 있는 장작의 개수는 B 창고에 있는 장작의 개수보다 54개 적었습니다. 불이 나서 각 창고에 있는 장작이 60개씩 타서 없어진 후 보니 B 창고에 남아 있는 장작의 개수가 A 창고에 남아 있는 장작의 개수의 4배였습니다. 불이 나기 전 두 창고 A, B에는 장작이 몇 개씩 있었을지 구하세요.

Step 1 A 창고와 B 창고에 있는 장작의 개수를 선분으로 표현하면 그림과 같습니다. ★개를 그림과 같이 표시했을 때, 빈칸 □을 채우세요.

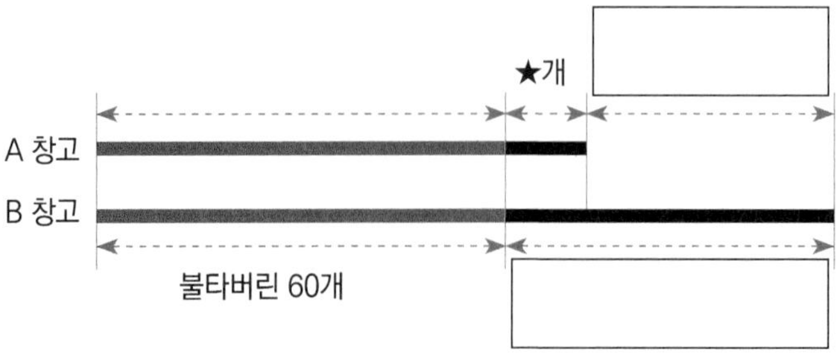
★개
A 창고
B 창고
불타버린 60개

Step 2 불이 나기 전 두 창고 A, B에 있었던 장작의 개수를 구하세요.

풀이

문제 해결 TIP

선분으로 나타내서 개수를 생각합니다.

Step 1 두 장작 창고에 있는 장작을 선분으로 나타내면 다음과 같습니다.

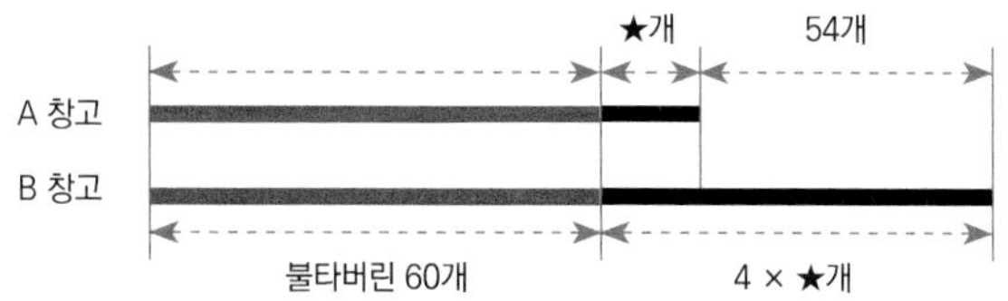

불타버린 60개를 제외하면 두 수의 차인 54는 작은 수 × (곱한 수 - 1)이므로 54 = ★ × (4 - 1)입니다.
따라서 ★ = 18입니다.

Step 2 불이 난 후 A 창고에 남아 있는 장작의 개수는 18개입니다.
B 창고에 남아 있는 장작의 개수는 A 창고에 남아 있는 장작의 개수의 4배이므로
B 창고에 남아 있는 장작의 개수는 18 × 4 = 72개입니다.
불이 나서 각 장고에 있는 장작이 60개씩 탔습니다.
따라서 불이 나기 전에 A 창고에는 18 + 60 = 78개만큼의 장작이 있었고
B 창고에는 72 + 60 = 132개만큼의 장작이 있었습니다.

정답 : A창고 : 78개, B창고 : 132개

확인하기 1

무우는 어머니를 도와서 송편을 만들고 있습니다. 무우가 1개의 송편을 만들 때마다 어머니는 3개의 송편을 만드는데, 총 만든 개수를 비교해보니 어머니가 무우보다 116개 더 많이 만들었습니다. 어머니와 무우가 만든 송편의 총 개수를 구하세요.

확인하기 2

한 장난감 가게에서는 두 종류의 장난감 A, B를 팝니다. 두 장난감 A와 B의 가격 차이는 43,200원이고 B의 가격은 A의 가격의 7배입니다. 두 장난감 A, B의 가격을 구하세요.

01 두 자연수 A와 B가 있습니다. A - B = 423이고, A의 일의 자리 수인 0을 지우면 B가 됩니다. 두 자연수 A, B를 구하세요.

02 무우와 상상이는 낚시를 하러 왔습니다. 두 사람이 합쳐서 총 27마리를 잡았는데 무우가 잡은 물고기 수는 상상이가 잡은 물고기 수의 2배보다 3마리 더 많았습니다. 두 사람이 잡은 물고기의 수를 각각 구하세요.

03 제이는 100원짜리 동전을 몇 개 가지고 있었습니다. 가지고 있던 100원짜리 동전 중 일부를 50원짜리 동전 2개로 각각 바꾸었더니 총 동전의 개수가 25개가 되었고 원래 있던 동전의 개수의 2배보다 5개가 적은 개수입니다. 바꾼 후 50원짜리 동전과 100원짜리 동전은 각각 몇 개씩 있을지 구하세요.

04 같은 양의 물이 들어있는 물통 A, B가 있습니다. A 물통에서 22L, B 물통에서 8L의 물을 버린 후 남은 물을 비교해보니 B 물통에 남아 있는 물의 양이 A 물통에 남아 있는 물의 양의 2배였습니다. 원래 물통 A, B에 들어있던 물의 양을 구하세요.

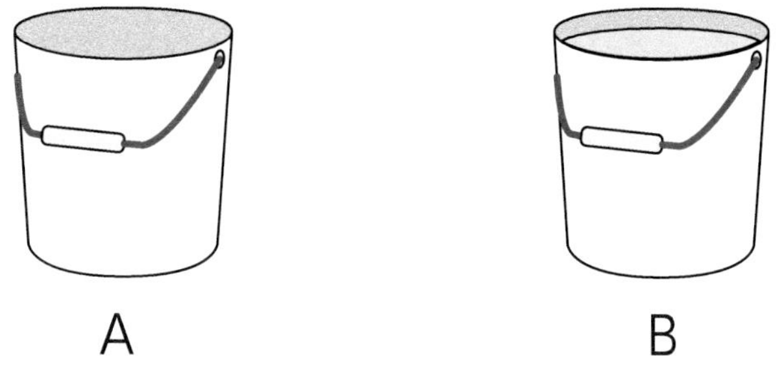

05 88명의 학생을 4개의 조 A, B, C, D로 나누었습니다. A 조의 인원수를 2배 한 값은 B 조의 인원수의 절반과 같고, C 조의 인원수보다 1명이 적었으며, D 조의 인원수보다 3명이 많았습니다. 각 조에 속한 인원수를 구하세요.

06 무우의 동전 지갑에는 50원짜리 동전과 100원짜리 동전이 여러 개씩 들어있습니다. <보기>의 동전의 개수 관계를 보고 각 동전은 몇 개씩 들어있는지 구하세요.

> 보기
>
> 100원짜리 동전의 개수는 50원짜리 동전의 개수의 5배보다 7개가 적고, 3배보다 9개가 많습니다.

07 무우는 도서관에서 봉사활동을 합니다. 무우가 관리하는 2단으로 된 책장에는 총 150권의 책이 나누어져 꽂혀있습니다. 1단에 꽂혀있는 책 중 34권, 2단에 꽂혀있는 책 중 12권, 총 46권의 책이 대출 중인 상태였는데 2단에 남아있는 책의 수는 1단에 남아있는 책의 수의 2배보다 4권이 적었습니다. 책들이 대출되기 전 1단, 2단의 책장에 꽂혀있던 책의 수를 각각 구하세요.

정답 및 풀이 P.29

08

서로 나이가 다른 A, B, C, D의 나이를 모두 합하면 50입니다. 넷 중 가장 나이가 많은 B는 17살인데 B와 C의 나이를 합한 값은 A와 D의 나이를 합한 값보다 4 만큼 더 큽니다. C는 몇 살인지 구하세요.

09

무한 초등학교에서는 교내 수학 경시대회를 해서 상품으로 총 830권의 공책을 나눠줬습니다. 6학년이 받은 공책은 4학년이 받은 공책의 3배보다 9권이 많고 5학년이 받은 공책은 4학년이 받은 공책의 2배보다 1권이 적었습니다. 4학년, 5학년, 6학년이 상품으로 받은 공책의 권수는 각각 몇 권일지 구하세요.

6 심화문제

01 어떤 물탱크에 물이 가득 차 있습니다. 이 물탱크에 차 있는 물을 두 종류의 호스 A, B를 이용해 빼내려 합니다. 물탱크의 물은 A 호스만을 이용해 4시간 빼낸 후 이어서 B 호스만을 1시간 이용하면 모두 빼낼 수 있으며, 또는 A 호스만을 2시간 이용하고 이어서 B 호스만을 2시간 이용해도 모두 빼낼 수 있습니다. 물이 가득 찬 물탱크에 A와 B 호스를 함께 이용해 빼내면 몇 시간이 걸릴지 구하세요.

02 과자 A는 과자 B의 가격의 2배입니다. 과자 A보다 과자 B를 3배만큼 더 사서 총 가격이 14,000원일 때, 과자 A와 과자 B를 각각 얼마씩 구매한 것인지 구하세요.

정답 및 풀이 P.30

03 세 개의 주머니 A, B, C에는 구슬이 여러 개씩 들어있습니다. A에 들어있는 구슬은 B에 들어있는 구슬의 3배보다 34개가 적고, C에는 A와 B에 들어있는 구슬의 차만큼 구슬이 들어있습니다. B 주머니에 들어있는 구슬의 개수로 가능한 수를 모두 합한 값을 구하세요. (단, A 주머니에는 B 주머니보다 적은 개수의 구슬이 들어있습니다.)

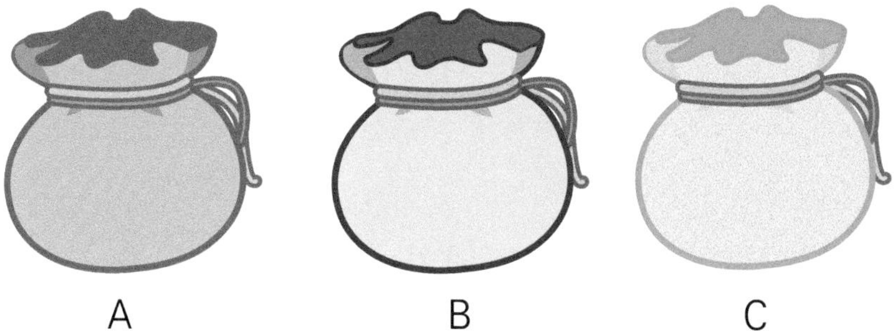

04 둘레가 3km인 호수의 둘레를 따라 무우와 상상이가 돌고 있습니다. 무우의 속도는 상상이의 속도의 2배인데 같은 지점에서 서로 반대 방향으로 동시에 출발하면 40분 뒤에 처음으로 만나게 됩니다. 무우와 상상이가 같은 지점에서 서로 같은 방향으로 동시에 출발하면 몇 분 뒤에 처음으로 만나게 되는지 구하세요.

6 창의적문제해결수학

01 어느 날 상상이가 신형 핸드폰을 샀습니다. 무우, 알알이, 제이는 모두 부러워하며 구경하였고 다음과 같이 대화했습니다.

제이 : 상상이는 진짜 좋겠다…!

무우 : 부럽다.. 나는 아빠가 내년에 사준다고 하셨어.

알알 : 왜 내년에 사주신대?

무우 : 아빠의 나이가 내 나이의 3배가 되면 사준다고 하셨거든.

무우와 아버지의 나이 관계가 〈보기〉와 같습니다. 이를 보고 현재 무우와 아버지의 나이를 구하세요.

보기

1. 현재로부터 6년 전, 아버지의 나이는 무우의 나이의 5배였습니다.
2. 내년에 아버지의 나이는 무우의 나이의 3배가 됩니다.

밀로돈 동굴
이건 밀로돈의 모습을 복원해 놓은 석상이래.
짜잔~!!
엄청 크고 신기하게 생겼다! 이제 동굴 안으로 들어가 보자.
나무늘보 같이 생겼네.
알알아, 뭐해? 빨리 손전등을 켜고 동굴 안으로 가자!
??
그러려고 했는데. 갑자기 내 손전등이 잘 안 켜져..!
딸칵 딸칵
이상하네...!

일행들은 각자 손전등을 준비해서 동굴에 들어갔습니다. 불빛이 강했을 때는 1분에 60m를 가는 속도로 걸었으나 도중에 알알이와 제이의 손전등에 문제가 생겨서 불빛이 약해져 그 절반의 속도로 걸어서 나왔습니다. 동굴의 깊이는 1,500m인데 들어갔다가 나올 때까지 총 70분의 시간이 걸렸다면 알알이와 제이의 손전등에 문제가 생긴 후 걸은 거리는 몇 m인지 구하세요. (단, 중간에 멈추는 경우는 생각하지 않습니다.)

칠레에서 여섯째 날 모든 문제 끝!
친구들과 함께한 칠레에서의 수학여행을 마친 소감은 어떤가요?

MEMO

영재들의 수학여행

Math Travel

무한상상

창의영재수학

아이앤아이

정답 및 풀이

초급 초등 3~5학년

F 문제해결력 칠레편

무한상상

Imagine Infinite!

창의영재수학

아이앤아이

정답 및 풀이

초급
초등 3~5학년

F 문제해결력
칠레편

1. 한붓그리기

대표문제 1 확인하기 P. 13

[정답] ㉠, ㉡, ㉣

[풀이 과정]

각 도형의 홀수 점의 개수를 찾습니다. 한붓그리기는 홀수 점이 0개 또는 2개일 경우만 가능합니다.

㉠  : 홀수 점 0개 ➜ 한붓그리기가 가능합니다.

㉡ 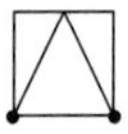 : 홀수 점 2개 ➜ 한붓그리기가 가능합니다.

㉢  : 홀수 점 10개 ➜ 한붓그리기가 불가능합니다.

㉣  : 홀수 점 0개 ➜ 한붓그리기가 가능합니다.

㉤  : 홀수 점 6개 ➜ 한붓그리기가 불가능합니다.

㉥ 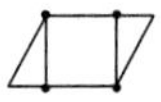 : 홀수 점 4개 ➜ 한붓그리기가 불가능합니다.

대표문제 2 확인하기 P. 15

[정답] ㉡, ㉢

[풀이 과정]

① 각 전시관을 점으로 생각하고 문을 선으로 생각해서 그려보면 다음과 같습니다.

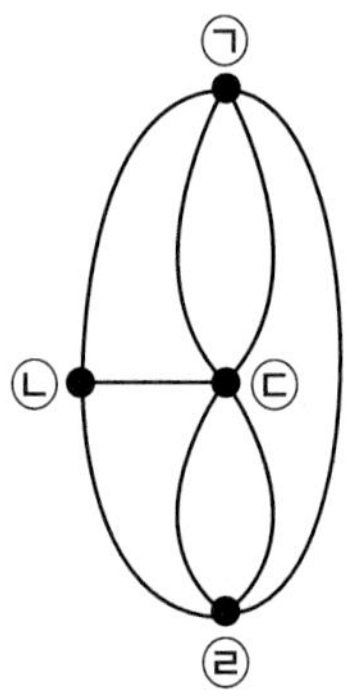

② ㉠, ㉡, ㉢, ㉣ 중 홀수 점은 ㉡, ㉢입니다. 한붓그리기로 위의 도형을 그리기 위해서 ㉡ 또는 ㉢을 출발점으로 해야 하며 루트는 다음과 같습니다.

㉡ ➜ ㉠ ➜ ㉣ ➜ ㉡ ➜ ㉢ ➜ ㉠ ➜ ㉢ ➜ ㉣ ➜ ㉢

③ 한붓그리기를 하는 방법은 이외에도 많습니다.

연습문제 01 P. 16

[정답] ㉠

[풀이 과정]

각 도형의 홀수 점의 개수를 찾습니다. 한붓그리기는 홀수 점이 0개 또는 2개일 경우만 가능합니다.

㉠  : 홀수 점 0개 ➜ 한붓그리기가 가능하며 출발점과 도착점이 같습니다.

㉡ 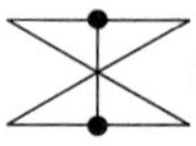 : 홀수 점 2개 ➜ 한붓그리기가 가능하지만 하나의 홀수 점이 출발점, 나머지 하나의 홀수점은 도착점이므로 출발점과 도착점이 다릅니다.

㉢  : 홀수 점 2개 ➜ 한붓그리기가 가능하지만 하나의 홀수 점이 출발점, 나머지 하나의 홀수점은 도착점이므로 출발점과 도착점이 다릅니다.

연습문제 02 P. 16

[정답] 풀이 과정 참조

[풀이 과정]

현재는 홀수 점이 4개이므로 한붓그리기가 불가능합니다. 두 홀수 점을 잇는 선분을 1개 추가하면 그 홀수 점 2개가 짝수 점이 되어서 홀수 점이 2개가 되므로 한붓그리기가 가능합니다.

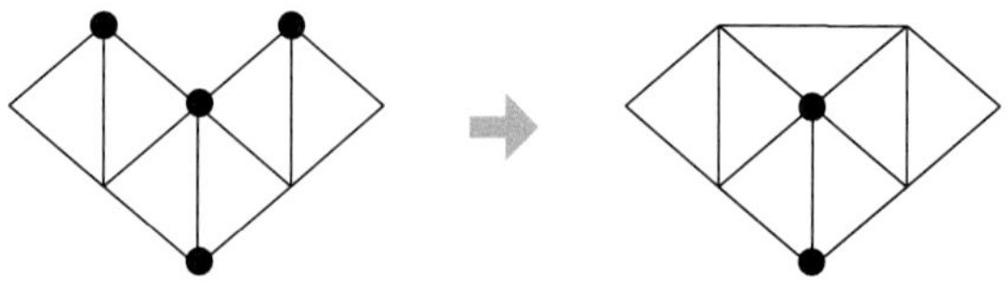

연습문제 03 P. 16

[정답] 풀이 과정 참조

[풀이 과정]

각 도형의 홀수 점의 개수를 찾습니다.

㉠ 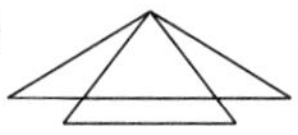 : 홀수 점 0개 ➜ 한붓그리기가 가능합니다.

㉡ 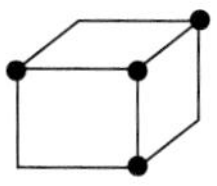 : 홀수 점 4개

➡ 한붓그리기가 불가능합니다. 두 홀수 점을 잇는 선분을 다음과 같이 추가하면 한붓그리기가 가능합니다.

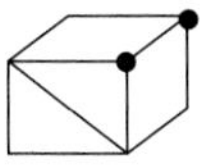

㉢ 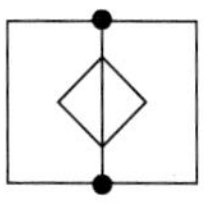 : 홀수 점 2개

➡ 한붓그리기가 가능합니다.

연습문제 04 ······························ P. 17

[정답] 풀이 과정 참조

[풀이 과정]

각 도형의 홀수 점의 개수를 찾습니다. 한붓그리기는 홀수 점이 0개 또는 2개일 경우만 가능합니다.

㉠ 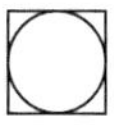 : 홀수 점 0개 ➡ 한붓그리기가 가능합니다.

㉡ 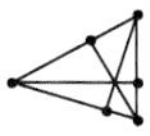 : 홀수 점 6개 ➡ 한붓그리기가 불가능합니다.

㉢  : 홀수 점 4개 ➡ 한붓그리기가 불가능합니다.

연습문제 05 ······························ P. 17

[정답] 풀이 과정 참조

[풀이 과정]

① 각 전시관을 점으로 생각하고 문을 선으로 생각해서 그려보면 다음과 같습니다.

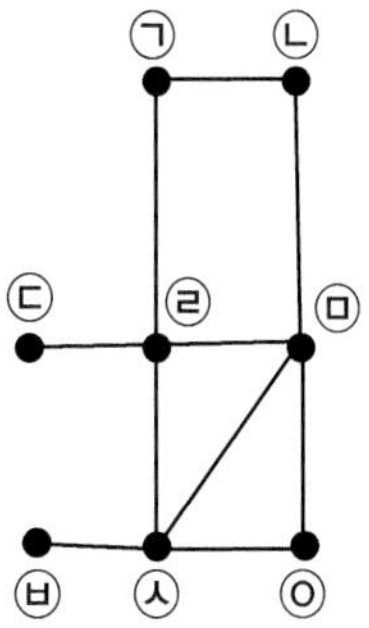

② ㉠ ~ ㉧ 중 홀수 점은 ㉢, ㉥으로 2개입니다. 한붓그리기를 하기 위해서 2개의 전시관 ㉢, ㉥ 중 하나는 출발점이 되어야 하고 나머지 하나는 도착점이 되어야 합니다. 방법은 아래와 같습니다.

㉢ ➡ ㉣ ➡ ㉠ ➡ ㉡ ➡ ㉤ ➡ ㉧ ➡ ㉦ ➡ ㉤ ➡ ㉣ ➡ ㉦ ➡ ㉥

③ 한붓그리기를 하는 방법은 이외에도 많습니다.

연습문제 06 ······························ P. 18

[정답] 선분ㄴㅈ, 선분ㄱㄴ, 선분ㄴㄷ, 선분ㄴㅂ, 선분ㄴㅁ, 선분ㅇㅈ, 선분ㅁㅈ, 선분ㅂㅈ, 선분 ㅈㅊ

[풀이 과정]

① (그림)의 도형은 홀수 점이 2개인 도형이며 홀수 점은 ㄴ, ㅈ입니다.

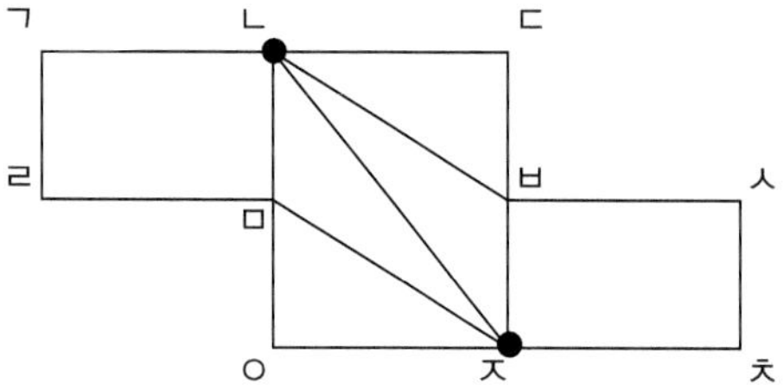

(그림)

② 1개의 선분을 지워서 한붓그리기가 가능하기 위해 홀수 점을 0개 또는 2개로 만들어야 합니다.

i. 홀수 점이 0개인 도형으로 만들기 위해서 선분ㄴㅈ을 지웁니다.

ii. 홀수 점이 2개인 도형으로 만들기 위해서 홀수 점과 짝수 점을 잇는 선분을 지웁니다.
선분은 다음과 같습니다.
선분ㄱㄴ, 선분ㄴㄷ, 선분ㄴㅂ, 선분ㄴㅁ, 선분ㅇㅈ, 선분ㅁㅈ, 선분ㅂㅈ, 선분ㅈㅊ

연습문제 07 ······························ P. 18

[정답] ㅂ

[풀이 과정]

① 각 전시관을 점으로 생각하고 문, 입구, 출구를 선으로 생각해 그립니다.

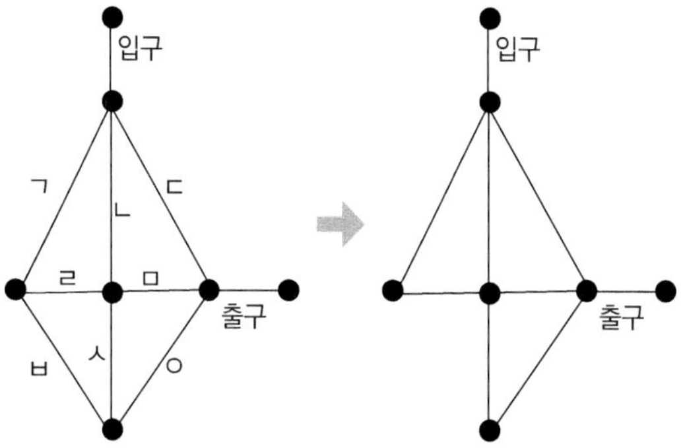

② 위의 도형은 홀수 점이 4개인 도형입니다. 하나의 선분(문)을 없애서 한붓그리기가 가능하기 위해서 입구와 출구가 연결된 홀수 점을 제외한 나머지 2개의 홀수 점을 잇는 선분을 없앱니다.
따라서 하나의 문을 지워서 입구로 들어간 뒤 모든 문을 한 번씩 지나서 출구로 나오기 위해서 선분ㅂ(문 ㅂ)을 없앱니다.

연습문제 08 .... P. 19

[정답] 풀이 과정 참조

[풀이 과정]

① 선분 ㄱㄴ을 2번 지나고 나머지 선분들은 1번씩만 지나서 한붓그리기를 하기 위해서 아래의 도형을 한붓그리기하는 것과 같습니다.

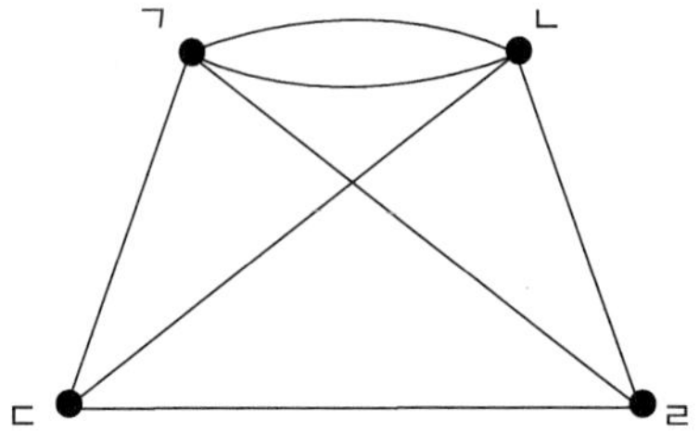

② 위의 도형은 홀수 점이 2개인 도형이고 홀수 점은 ㄷ, ㄹ입니다. ㄷ, ㄹ 중 하나의 홀수 점을 출발점, 나머지 홀수 점을 도착점으로 하면 아래와 같은 방법으로 한붓그리기를 할 수 있습니다.

ㄷ ➡ ㄱ ➡ ㄴ ➡ ㄱ ➡ ㄹ ➡ ㄴ ➡ ㄷ ➡ ㄹ

③ 한붓그리기를 하는 방법은 이외에도 많습니다.

연습문제 09 .... P.19

[정답] 32

[풀이 과정]

① 가장 짧은 길을 여러 번 지나면서 모든 선분을 아래와 같이 그리면 가장 짧은 거리는 32입니다.

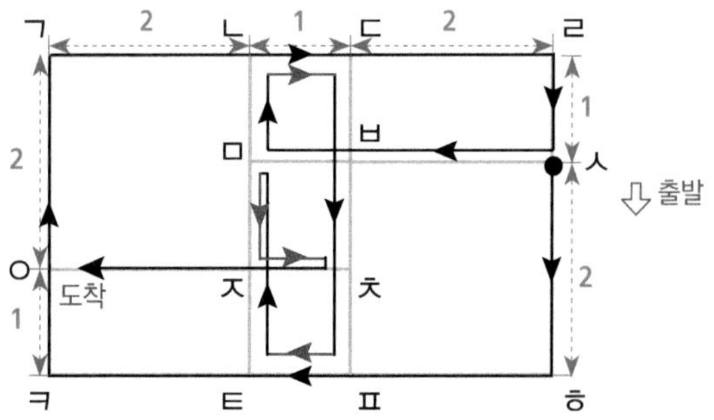

② 그리는 방법은 이외에도 많습니다.

심화문제 01 .... P. 20

[정답] 풀이 과정 참조

[풀이 과정]

① 두 번 지나가야 하는 선분을 두 점을 잇는 선 2개로 만든 아래의 도형을 한붓그리기 하는 방법을 찾습니다.

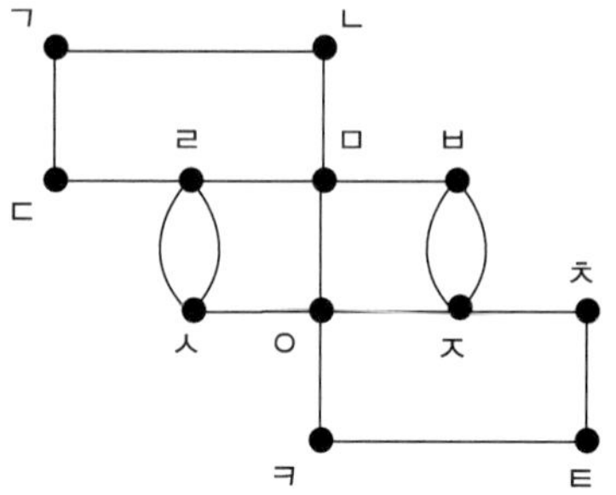

② 위의 도형은 홀수 점이 2개인 도형이고 홀수 점은 ㅂ, ㅅ입니다. 따라서 점ㅂ, ㅅ 중 하나를 시작점, 나머지 하나를 도착점으로 하면 아래와 같이 한붓그리기를 할 수 있습니다.

ㅂ ➡ ㅁ ➡ ㄴ ➡ ㄱ ➡ ㄷ ➡ ㄹ ➡ ㅅ ➡ ㄹ ➡ ㅁ ➡ ㅇ ➡ ㅋ ➡ ㅌ ➡ ㅊ ➡ ㅈ ➡ ㅂ ➡ ㅈ ➡ ㅇ ➡ ㅅ

③ 한붓그리기를 하는 방법은 이외에도 많습니다.

심화문제 02 .... P. 21

[정답] 59분

[풀이 과정]

① 각 지점을 단 한 번씩만 지나면서 가장 시간이 적게 걸리는 길은 아래와 같습니다.

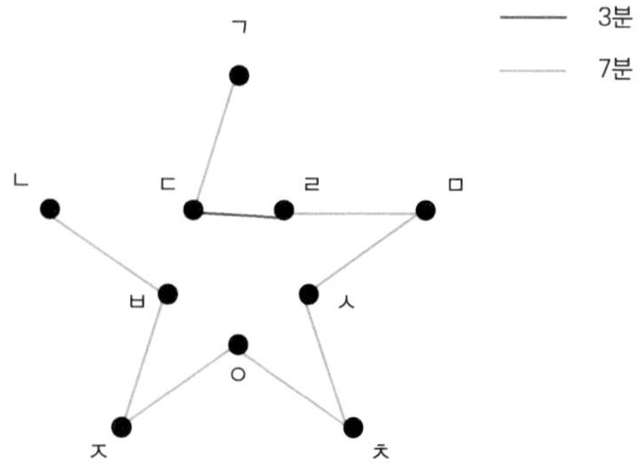

② 따라서 가장 적게 걸리는 시간은 $7 \times 8 + 3 = 59$분입니다.

심화문제 03 P. 22

[정답] 풀이 과정 참조

[풀이 과정]

① 도형은 홀수 점이 2개인 도형이고 홀수 점은 점ㄱ, ㄹ입니다. 점ㄱ에서 출발하면 도착점은 점ㄹ입니다. 점ㄱ에서 화살표 방향으로 출발해서 한 붓으로 그리는 다양한 방법은 아래와 같습니다.

i. ㄱ ➡ ㄴ ➡ ㄷ ➡ ㄹ ➡ ㅁ ➡ ㅂ ➡ ㄱ ➡ ㅈ ➡ ㅅ ➡ ㅇ ➡ ㅊ ➡ ㅋ ➡ ㅈ ➡ ㅊ ➡ ㄹ

ii. ㄱ ➡ ㄴ ➡ ㄷ ➡ ㄹ ➡ ㅊ ➡ ㅇ ➡ ㅅ ➡ ㅈ ➡ ㅋ ➡ ㅊ ➡ ㅈ ➡ ㄱ ➡ ㅂ ➡ ㅁ ➡ ㄹ

iii. ㄱ ➡ ㄴ ➡ ㄷ ➡ ㄹ ➡ ㅊ ➡ ㅋ ➡ ㅈ ➡ ㅅ ➡ ㅇ ➡ ㅊ ➡ ㅈ ➡ ㄱ ➡ ㅂ ➡ ㅁ ➡ ㄹ

iv. ㄱ ➡ ㄴ ➡ ㄷ ➡ ㄹ ➡ ㅊ ➡ ㅋ ➡ ㅈ ➡ ㅊ ➡ ㅇ ➡ ㅅ ➡ ㅈ ➡ ㄱ ➡ ㅂ ➡ ㅁ ➡ ㄹ

v. ㄱ ➡ ㄴ ➡ ㄷ ➡ ㄹ ➡ ㅁ ➡ ㅂ ➡ ㄱ ➡ ㅈ ➡ ㅊ ➡ ㅋ ➡ ㅈ ➡ ㅅ ➡ ㅇ ➡ ㅊ ➡ ㄹ

vi. ㄱ ➡ ㄴ ➡ ㄷ ➡ ㄹ ➡ ㅁ ➡ ㅂ ➡ ㄱ ➡ ㅈ ➡ ㅋ ➡ ㅊ ➡ ㅈ ➡ ㅅ ➡ ㅇ ➡ ㅊ ➡ ㄹ

vii. ㄱ ➡ ㄴ ➡ ㄷ ➡ ㄹ ➡ ㅊ ➡ ㅇ ➡ ㅅ ➡ ㅈ ➡ ㅊ ➡ ㅋ ➡ ㅈ ➡ ㄱ ➡ ㅂ ➡ ㅁ ➡ ㄹ

② 도형을 한 붓으로 그리는 방법은 이외에도 많습니다.

심화문제 04 P. 23

[정답] 5회

[풀이 과정]

① 최대한 한 붓으로 그릴 수 있는 부분을 그린 후 남은 부분을 채워넣도록 합니다. 다음과 같은 순서로 도형을 만듭니다.

① 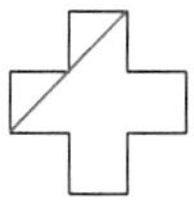 : 연필 1회 뗌

② 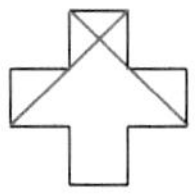 : 연필 2회 뗌

③ 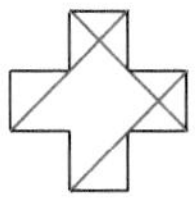 : 연필 3회 뗌

④ 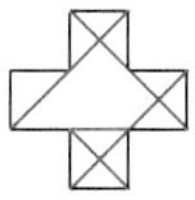 : 연필 4회 뗌

⑤ 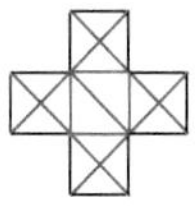 : 연필 5회 뗌

⑥ 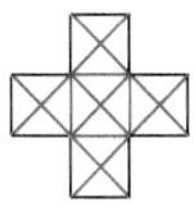 : 완성

② 방법은 이외에도 많습니다.

창의적문제해결수학 01 P. 24

[정답] 풀이 과정 참조

[풀이 과정]

① 도형은 홀수 점이 6개인 도형이고 홀수 점은 G, H, I, J, K, N입니다. 2개의 선분을 추가해서 한 붓으로 그리기 위해서 이 홀수 점끼리 연결해서 홀수 점을 2개로 만들고 한붓그리기를 해야 합니다.
이 중 선분을 그을 수 있는 점은 (K와 H), (I와 N)이고 선분을 그은 모습은 아래와 같습니다.

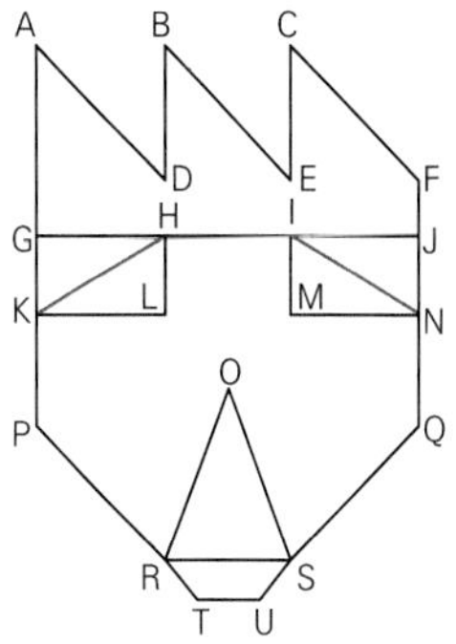

② 도형은 홀수 점이 2개인 도형이 되고 홀수 점은 G와 J입니다. 하나의 점을 출발점, 나머지 하나의 점을 도착점으로 해서 한 붓으로 그리면 아래와 같은 방법으로 그릴 수 있습니다.
G ➡ A ➡ D ➡ B ➡ E ➡ C ➡ F ➡ J ➡ N ➡ M ➡ I ➡ N ➡ Q ➡ S ➡ U ➡ T ➡ R ➡ S ➡ O ➡ R ➡ P ➡ K ➡ G ➡ H ➡ K ➡ L ➡ H ➡ I ➡ J

③ 도형을 한붓그리기 하는 방법은 이외에도 많습니다.

창의적문제해결수학 02 P. 25

[정답] 풀이 과정 참조

[풀이 과정]

① 2번 지나가야 하는 선분을 추가한 모습은 다음과 같습니다.

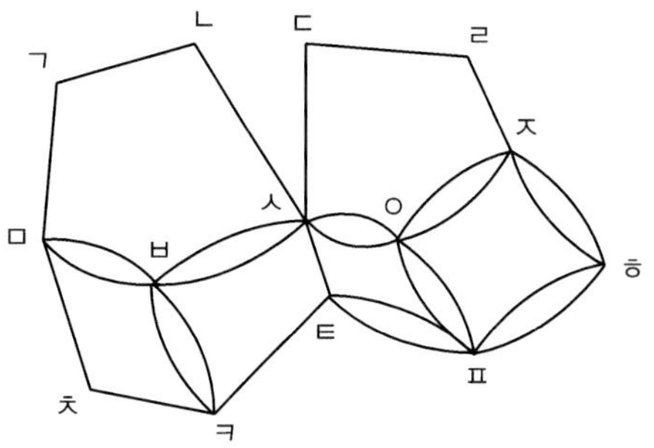

② 도형은 홀수 점이 2개인 도형이고 홀수 점은 점ㅅ, ㅈ입니다. 따라서 하나의 점을 출발점, 나머지 하나의 점을 도착점으로 해서 한 붓으로 그리면 아래와 같은 방법으로 그릴 수 있습니다.
ㅅ ➡ ㄴ ➡ ㄱ ➡ ㅁ ➡ ㅂ ➡ ㅁ ➡ ㅊ ➡ ㅋ ➡ ㅂ ➡ ㅋ ➡ ㅌ ➡ ㅅ ➡ ㅂ ➡ ㅅ ➡ ㄷ ➡ ㄹ ➡ ㅈ ➡ ㅇ ➡ ㅅ ➡ ㅇ ➡ ㅍ ➡ ㅌ ➡ ㅍ ➡ ㅎ ➡ ㅍ ➡ ㅇ ➡ ㅈ ➡ ㅎ ➡ ㅈ

③ 도형을 한붓그리기 하는 방법은 이외에도 많습니다.

2. 논리 추리

대표문제1 확인하기 .... P. 31

[정답] 무우, 알알, 제이, 상상

[풀이 과정]

① 조건 <1>에서 알알이는 키가 두 번째로 크다는 것을 알 수 있습니다.

	알알		

② 조건 <2>에서 무우, 제이, 상상이의 키는
무우 > 제이 > 상상입니다.
따라서 빈칸을 채우면 아래와 같이 네 명의 키 순서를 구할 수 있습니다.

무우	알알	제이	상상

(정답)

대표문제2 확인하기 .... P. 33

[정답] (무우-겨울), (상상-여름), (알알-가을), (제이-봄)

[풀이 과정]

① 무우, 상상, 알알, 제이와 봄, 여름, 가을, 겨울을 이용해서 표를 만듭니다.

	봄	여름	가을	겨울
무우				
상상				
알알				
제이				

② 각 조건을 이용해 표를 채웁니다.

ⅰ. 조건 <1> 무우는 겨울을 좋아합니다.

ⅱ. 조건 <2> 상상이와 제이는 가을을 좋아하지 않습니다.

ⅲ. 조건 <3>에서 상상이는 가장 더운 계절을 좋아하므로 여름을 좋아합니다.

	봄	여름	가을	겨울
무우	X	X	X	O
상상		O	X	
알알				
제이			X	

③ 각 친구는 서로 다른 계절을 좋아하므로 가로줄, 세로줄에는 O가 1개만 있어야 한다는 점으로 아래의 표를 완성합니다.

	봄	여름	가을	겨울
무우	X	X	X	O
상상		O	X	
알알			O	
제이	O		X	

④ 따라서 각 친구와 좋아하는 계절을 묶으면 (무우, 겨울), (상상, 여름), (알알, 가을), (제이, 봄)입니다. (정답)

연습문제 01 .... P. 34

[정답] 11살

[풀이 과정]

① 각 조건에서 얻을 수 있는 정보를 구합니다.

ⅰ.조건 2에서 C는 B의 동생이므로 B는 C보다 나이가 많습니다. B > C

ⅱ.조건 2에서 C는 D보다 3살 어리므로
(C의 나이, D의 나이)는 (8, 11) 또는 (9, 12)입니다.

ⅲ.조건 <3>에서 B는 무우보다 2살 많으므로
(B의 나이, 무우의 나이)는 (13, 11) 또는 (11, 9) 입니다.

② (C의 나이, D의 나이)가 (8, 11)이라면 (B의 나이, 무우의 나이)는 (13, 11) 또는 (11, 9)가 될 수 없습니다. (11살이 겹칩니다.) (C의 나이, D의 나이)는 (9, 12)입니다.

	12살 D		9살 C	

③ 따라서 남은 모든 조건을 만족하기 위해서
(B의 나이, 무우의 나이)는 (13, 11)이고 A는 8살입니다.

13살 B	12살 D	11살 무우	9살 C	8살 A

(정답)

연습문제 **02** .... P. 34

[정답] 무우, 제이, 알알, 상상

[풀이 과정]

① 각 조건에서 얻을 수 있는 정보를 구합니다.

ⅰ. 제이는 두 번째로 많은 구슬을 가지고 있습니다.

ⅱ. 알알이는 상상이보다 구슬을 많이 가지고 있습니다.

➡ 알알 > 상상

ⅲ. 무우가 가진 구슬 중 1개를 제이에게 주면 두 사람 구슬의 개수가 같아지므로 무우는 제이보다 2개 많은 구슬을 가지고 있습니다. ➡ 무우 > 제이

② 따라서 구슬을 많이 가지고 있는 순으로 이름을 나열하면 다음과 같습니다.

무우 — 제이 — 알알 — 상상

(정답)

연습문제 **03** .... P. 34

[정답] 금요일

[풀이 과정]

① 무우는 월, 수, 금요일엔 거짓말만 하므로 월요일에 "내일은 화요일이야" 라고 한 말은 거짓말입니다. 오늘은 월요일이 아닙니다. 수요일과 금요일에 "내일은 화요일이야" 라고 거짓말을 할 수 있으므로 오늘은 수요일 또는 금요일 입니다.

② 오늘은 수요일 또는 금요일이므로 상상이는 참말을 하는 날입니다. "어제는 목요일이었어!" 라고 했으므로 오늘은 금요일입니다.

③ 따라서 오늘은 금요일입니다.

연습문제 **04** .... P. 35

[정답] C - A - D - B

[풀이 과정]

① 친구들이 말한 대화에서 얻을 수 있는 정보를 구합니다.

ⅰ. A가 말한 내용에서 C가 키우는 애완동물은 A가 키우는 애완동물보다 크다는 것을 알 수 있습니다.

➡ C > A

ⅱ. B가 말한 내용에서 B가 키우는 애완동물은 D가 키우는 애완동물보다 작다는 것을 알 수 있습니다.

➡ D > B

ⅲ. C와 D가 말한 내용에서 A가 키우는 애완동물은 D가 키우는 애완동물보다 크다는 것을 알 수 있습니다.

➡ A > D

② 각 대화에서 얻은 내용을 통해 키우는 애완동물의 크기순으로 이름을 나열하면 다음과 같습니다.

C — A — D — B

(정답)

연습문제 **05** .... P. 35

[정답] (B, 1등), (C, 2등), (D, 3등), (A, 4등), (E, 5등)

[풀이 과정]

① 각 조건에서 얻을 수 있는 정보를 구합니다.

ⅰ. 조건〈1〉에서 D의 바로 다음 A가 들어가고 A는 5등이 아니라는 점을 알 수 있습니다.

ⅱ. 조건 〈2〉에서 C가 2등으로 결승선을 통과했다는 것을 알 수 있습니다.

☐ — C — ☐ — ☐ — ☐

② 다음과 같이 조건을 만족하는지 확인합니다.

ⅰ. D의 바로 다음에 A가 들어가고 C는 2등이므로 (D의 순위, A의 순위) = (3등, 4등) 또는 (4등, 5등)입니다.하지만 A는 5등이 아니므로 (D의 순위, A의 순위) = (3등, 4등)입니다.

☐ — C — D — A — ☐

ⅱ. 조건 〈3〉에서 E는 1등이 아니므로 (B의 순위, E의 순위) = (1등, 5등)입니다.

B — C — D — A — E

연습문제 **06** P. 36

[정답] 3

[풀이 과정]

① 각 조건에서 얻을 수 있는 정보를 구합니다.
조건<1>에서 가장 아래에서 4번째, 5번째 카드에 적힌 숫자의 합과 가장 아래에서 2번째, 3번째 카드에 적힌 숫자의 합이 같으므로 가장 아래의 카드를 제외한 4장의 카드가 (2, 3, 4, 5)일 때, 2 + 5 = 3 + 4 = 7
또는 (1, 2, 4, 5)일 때, 1 + 5 = 2 + 4 = 6
또는 (1, 2, 3, 4)일 때, 1 + 4 = 2 + 3 = 5
의 조합 중 하나입니다.

ⅰ. 가장 아래의 카드를 제외한 카드에 적힌 숫자의 조합이 (2, 3, 4, 5)인 경우
가장 아래의 카드에 적힌 숫자는 1입니다. 1은 아래에서 3번째, 4번째 카드에 적힌 숫자의 합으로 나타낼 수 없습니다. 이 경우는 조건 <2>에 맞지 않습니다.

ⅱ. 가장 아래의 카드를 제외한 카드에 적힌 숫자의 조합이 (1, 2, 4, 5)인 경우
가장 아래의 카드에 적힌 숫자는 3입니다. 3은 아래에서 3번째, 4번째 카드에 적힌 숫자의 합인 1 + 2 = 3으로 나타낼 수 있습니다. 이 경우는 모든 조건을 만족합니다.

ⅲ. 가장 아래의 카드를 제외한 카드에 적힌 숫자의 조합이 (1, 2, 3, 4)인 경우
가장 아래의 카드에 적힌 숫자는 5입니다. 조건<1>에서 가장 아래에 있는 카드에 적힌 숫자는 가장 큰 숫자가 아니므로 이 경우는 조건 <2>에 맞지 않습니다.

② 따라서 가장 아래에 있는 카드에 적힌 숫자는 3입니다. (정답)

연습문제 **07** P. 36

[정답] (1층, A), (2층, C), (3층, E), (4층, D), (5층, B)

[풀이 과정]

① 각 조건에서 얻을 수 있는 정보를 구합니다.
조건<1> 에서 D는 A보다 높은 층에 살고 D와 A 사이에는 2명이 살고 있으므로
(A가 사는 층, D가 사는 층) = (1층, 4층) 또는 (2층, 5층)입니다.

② (A가 사는 층, D가 사는 층) = (1층, 4층)인 경우
조건 2 , 3 에 따라 (B가 사는 층, E가 사는 층) = (5층, 3층)입니다. C는 2층에 살고 나머지 모든 조건을 만족합니다.

1층	2층	3층	4층	5층
A	C	E	D	B

③ (A가 사는 층, D가 사는 층) = (2층, 5층)인 경우
조건<1> , <2>에 따라
(B가 사는 층, E가 사는 층) = (1층, 3층) 또는 (3층, 1층)이고 C는 4층에 삽니다. 하지만 이는 조건 <4>를 만족하지 않습니다.

④ 따라서 각 친구가 사는 층은 다음과 같습니다.
(1층, A), (2층, C), (3층, E), (4층, D), (5층, B) (정답)

연습문제 **08** P. 37

[정답] 상상이

[풀이 과정]

① 각 조건에서 얻을 수 있는 정보를 구합니다.

ⅰ. 조건<1>, <3>으로 무우와 알알이는 파란색 의자에 앉고 무우가 알알이의 왼쪽 자리에 앉습니다.

ⅱ. 상상이와 제이는 빨간색 의자에 앉는데 조건 <2>에 의해 상상이의 오른쪽 자리에는 제이가 앉습니다.

② 따라서 각 친구가 앉는 자리는 (정답)과 같고 무우의 맞은편에 앉는 사람은 상상이입니다.

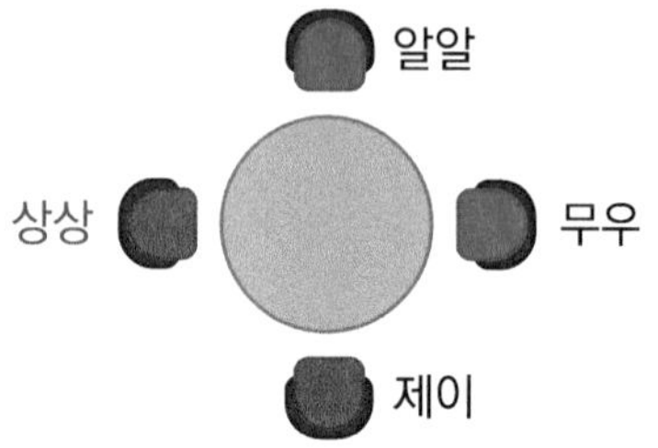

(정답)

연습문제 09 .... P. 37

[정답] (강아지, 사랑이), (고양이, 소망이), (토끼, 푸푸), (햄스터, 베리)

[풀이 과정]

① 동물의 종류와 이름으로 논리표를 만듭니다.

② 각 조건에서 얻을 수 있는 정보로 논리표를 채웁니다.

ⅰ. 조건 2에서 소망이는 강아지 또는 고양이입니다.

ⅱ. 조건 3에서 소망이는 강아지가 아니고 베리는 강아지, 토끼, 소망이가 아닙니다.

ⅲ. 조건〈1〉, 〈4〉에서 사랑이는 강아지입니다. 그러므로 소망이는 고양이입니다.

	사랑	소망	베리	푸푸
강아지	O	X	X	X
고양이	X	O	X	X
토끼			X	
햄스터				

③ 논리표의 가로줄, 세로줄에 O가 1개씩만 들어가므로 논리표를 완성하면 다음과 같습니다.

	사랑	소망	베리	푸푸
강아지	O	X	X	X
고양이	X	O	X	X
토끼			X	O
햄스터			O	

④ 따라서 각 동물을 이름과 짝지으면 다음과 같습니다.
(강아지, 사랑이), (고양이, 소망이), (토끼, 푸푸), (햄스터, 베리)(정답)

심화문제 01 .... P. 38

[정답] B

[풀이 과정]

① 각 조건에서 얻을 수 있는 정보를 구합니다.

ⅰ. 조건 〈2〉에서 한식집과 중식당은 서로 맞은편에 있으므로 (한식집, 중식당)은 (A, D), (D, A), (B, E), (E, B) 중 하나입니다.

ⅱ. 조건 〈3〉에서 패스트푸드점과 중식당 사이에는 식당이 1개 있으므로 (패스트푸드점, 중식당)은 (A, C), (C, A) 중 하나입니다.

ⅲ. 조건 〈4〉에서 도넛 가게와 카페는 같은 라인에 있으므로 도넛 가게의 위치는 D 또는 E입니다.

② 각 경우를 나누어서 만족하는지 확인합니다.

ⅰ. (패스트푸드점, 중식당)이 (A, C)인 경우
중식당이 C 위치이므로 한식집과 중식당은 서로 맞은편에 있을 수 없습니다. 따라서 이 경우는 틀린 경우입니다

ⅱ. (패스트푸드점, 중식당)이 (C, A)인 경우
중식당이 A 위치이므로 맞은편에 있는 D에 한식집이 있습니다. 카페와 같은 라인에 있는 도넛 가게의 위치는 E가 되므로 초밥집의 위치는 B입니다.

③ 따라서 초밥집은 B 위치에 있습니다.

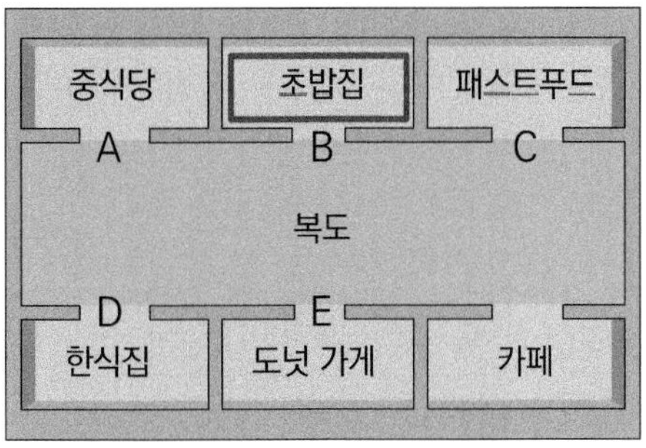

(정답)

심화문제 **02** P. 39

[정답] A, E

[풀이 과정]

① 각 친구가 아는 사람은 2명입니다.
<1> D와 아는 사람은 A, B입니다.

	A	B	C	D	E
A				O	
B				O	
C				X	
D	O	O	X	X	X
E				X	

② <2> 나는 A, E와 아는 사이야! 를 말한 것은 B, C 중 한 명입니다.
<3> 나는 B, C와 아는 사이야! 를 말한 것은 A, E 중 한 명입니다.
<4> 나는 C, D와 아는 사이야! 를 말한 것은 A, B, E 중 한 명입니다.
<5> 나는 D, E와 아는 사이야! 를 말한 것은 A, B, C 중 한 명입니다.

조건 <2>에서 A, E와 안다고 말한 사람은 B 또는 C입니다. 하지만 D와 아는 사람이 A, B이므로 B가 A, E를 안다고 말하면 B가 아는 사람은 A, D, E로 3명이 되어버립니다. 그러므로 <2>는 C가 말했습니다.

③ 따라서 C는 A, E와 아는 사이입니다.

	A	B	C	D	E
A			O	O	
B			X	O	
C	O	X	X	X	O
D	O	O	X	X	X
E			O	X	

④ 논리표에서 A는 C, D와 서로 아는 사이입니다. <4>는 A가 말했습니다.
나머지 <3>은 E가 말했고 <5>는 B가 말했습니다.
나머지 논리표를 채우면 아래와 같습니다.

	A	B	C	D	E
A	X	X	O	O	X
B	X	X	X	O	O
C	O	X	X	X	O
D	O	O	X	X	X
E	X	O	O	X	X

⑤ 따라서 C와 아는 사람은 A, E입니다. (정답)

심화문제 **03** P. 40

[정답] (A, 수학, 야구), (B, 국어, 농구), (C, 영어, 축구), (D, 과학, 배구)

[풀이 과정]

① 이름, 과목, 운동 종목 중 2가지로 논리표를 만듭니다.

② 각 조건에서 얻을 수 있는 정보를 구합니다.

ⅰ. 조건<1>, <4>를 통해 각 친구가 잘하는 운동 종목을 알 수 있습니다.
(A, 야구), (B, 농구), (C, 축구), (D, 배구)

ⅱ. 조건 2, 3, 4를 이용해서 논리표를 채웁니다.

	국어	영어	수학	과학
A			야구	
B	농구			
C				
D		X		배구

③ 각 가로줄과 세로줄에는 하나의 운동 종목만 들어가야 합니다. 나머지 조건을 만족하도록 논리표를 아래와 같이 완성합니다.

	국어	영어	수학	과학
A			야구	
B	농구			
C		축구		
D		X		배구

④ 따라서 각 친구가 잘하는 과목과 운동은 다음과 같습니다.
(A, 수학, 야구), (B, 국어, 농구), (C, 영어, 축구),
(D, 과학, 배구)

심화문제 **04** P. 41

[정답] A > B > E > D > C > G > F

[풀이 과정]

① 각 조건에서 얻을 수 있는 정보를 구합니다.

i. 조건 <2>에서 A > B, C를 얻을 수 있습니다.

ii. 조건 <3>에서 C > F, G를 얻을 수 있습니다.

iii. 조건 <4>에서 E > D, F를 얻을 수 있습니다.

iv. 조건 <5>에서 B > E > C를 얻을 수 있습니다.

v. 조건 <6>에서 D > C를 얻을 수 있습니다.

② 위의 정보들을 통해 아래와 같이 놓을 수 있습니다.

A > B > E > D > C > F, G

조건 <7>에서 G는 마지막에 결승선을 통과하지 않았으므로 7명의 순위는 다음과 같습니다.

A > B > E > D > C > G > F

창의적문제해결수학 **01** P. 42

[정답] (무우, A형), (상상, AB형), (알알, B형), (제이, O형)

[풀이 과정]

① 조건에서 얻을 수 있는 정보를 나열합니다.

i. 조건<1>에서 무우는 A형입니다.

ii. 조건<1>에서 무우와 알알이는 서로 수혈할 수 없고 A형과 서로 수혈해줄 수 없는 혈액형은 B형이므로 알알이는 B형입니다.

iii. 조건 <2>에서 제이는 나머지 세 명 모두에게 수혈할 수 있고 모든 혈액형에 수혈해줄 수 있는 혈액형은 O형이므로 제이는 O형입니다.

② 따라서 (무우, A형), (알알, B형), (제이, O형)이고 네 친구는 모두 혈액형이 다르므로 상상이는 AB형입니다.

창의적문제해결수학 **02** P. 43

[정답] A는 미국 사람이다.

[풀이 과정]

① 무우와 상상이가 말한 4가지를 아래와 같이 각각 ㉠, ㉡, ㉢, ㉣와 ⓐ, ⓑ, ⓒ, ⓓ로 놓습니다.

무우 : A는 / ㉠ : 한국 사람이고 / ㉡ : 남자였어./ ㉢ : 키가 크고 / ㉣ : 영어를 못했지!

상상 : A는 / ⓐ : 미국 사람이 아니었고 / ⓑ 여자였어./ ⓒ 키가 작고 / ⓓ 영어를 잘했지!

② 상상이가 말한 4가지 중 2가지가 거짓인 경우를 생각하여 본래의 뜻을 적습니다.

i. ⓐ, ⓑ가 거짓인 경우

A가 미국 사람이고 남자이고 키가 작고 영어를 잘하는 사람입니다.

➡ 무우가 말한 4가지 중 ㉠, ㉢, ㉣ 3가지가 거짓이 되므로 맞는 경우입니다.

ii. ⓐ, ⓒ가 거짓인 경우

A가 미국 사람이고 여자이고 키가 크고 영어를 잘하는 사람입니다.

➡ 무우가 말한 4가지 중 ㉠, ㉡, ㉣ 3가지가 거짓이 되므로 맞는 경우입니다.

iii. ⓐ, ⓓ가 거짓인 경우

A가 미국 사람이고 여자이고 키가 작고 영어를 못하는 사람입니다.

➡ 무우가 말한 4가지 중 ㉠, ㉡, ㉢ 3가지가 거짓이 되므로 맞는 경우입니다.

iv. ⓑ, ⓒ가 거짓인 경우

A가 미국 사람이 아니고 남자이고 키가 크고 영어를 잘하는 사람입니다.

➡ 무우가 말한 4가지 중 ㉠, ㉣ 2가지만 거짓이 되므로 틀린 경우입니다.

v. ⓑ, ⓓ가 거짓인 경우

A가 미국 사람이 아니고 남자이고 키가 작고 영어를 못하는 사람입니다.

➡ 무우가 말한 4가지 중 ㉠, ㉢ 2가지만 거짓이 되므로 틀린 경우입니다.

vi. ⓒ, ⓓ가 거짓인 경우

A가 미국 사람이 아니고 여자이고 키가 크고 영어를 못하는 사람입니다.

➡ 무우가 말한 4가지 중 ㉠, ㉡ 2가지만 거짓이 되므로 틀린 경우입니다.

③ 무우가 말한 4가지 중 3가지가 거짓이고 상상이가 말한 4가지 중 2가지가 거짓일 경우는 i., ii., iii. 총 3가지입니다. i., ii., iii.에서 A에 대해 알알이와 제이가 확실하게 알 수 있는 점은 A가 미국 사람이라는 것입니다. (정답)

3. 성냥개비

대표문제 1 확인하기 .... P. 49

[정답] 풀이 과정 참조

[풀이 과정]

다음과 같이 노란색 성냥개비 1개를 옮기면 성립하는 식을 만들 수 있습니다.

① 기호를 바꾸지 않는 방법

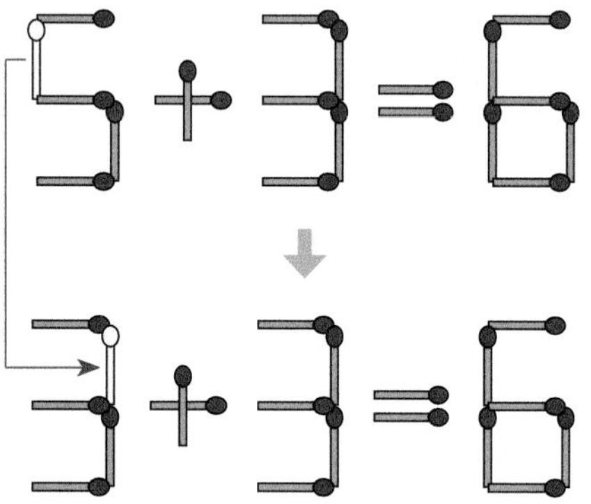

② 기호를 바꾸는 방법

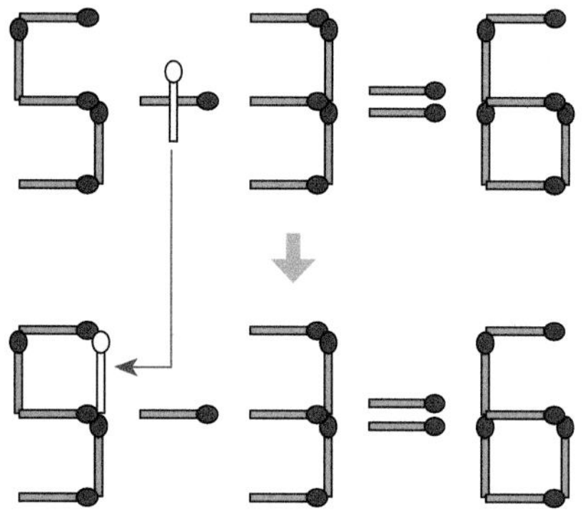

대표문제 2 확인하기 .... P. 51

[정답] 풀이 과정 참조

[풀이 과정]

① 정사각형 4개는 서로 떨어졌을 때 16개의 변을 가집니다. 13, 14개의 성냥개비로 정사각형 3개를 만들려면 공통변이 각각 3개, 2개가 되게 해야 합니다.

ⅰ. 13개의 성냥개비로 만드는 방법

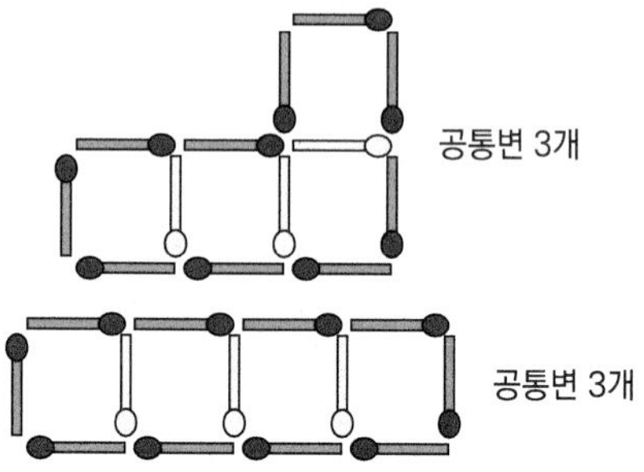

ⅱ. 14개의 성냥개비로 만드는 방법

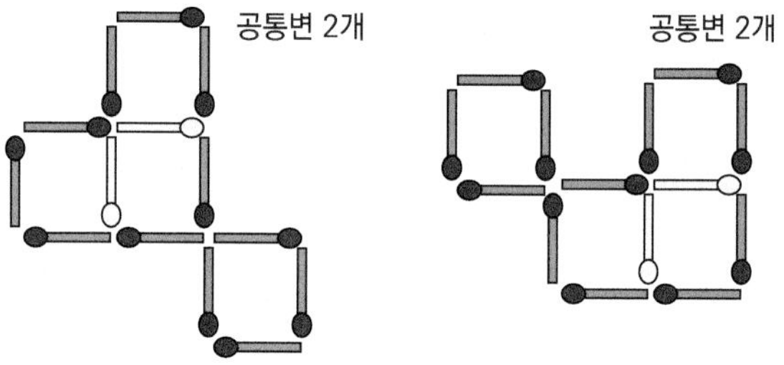

연습문제 01 .... P. 52

[정답] 풀이 과정 참조

[풀이 과정]

① 아래와 같이 2가지 방법으로 노란색 성냥개비를 1개 추가합니다.

② 각각 총 4개의 삼각형을 찾을 수 있습니다.

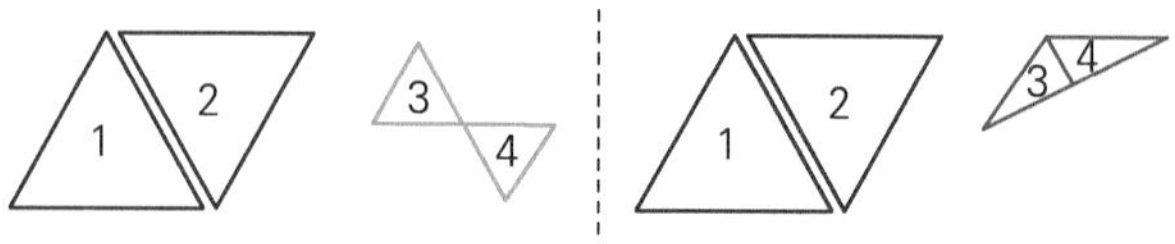

연습문제 02 ······························· P. 52

[정답] 풀이 과정 참조

[풀이 과정]

평면상에서는 6개의 성냥개비를 이용해 크기와 모양이 같은 정삼각형 4개를 만들 수 없습니다.
아래와 같이 성냥개비를 입체적으로 쌓아보면 6개의 성냥개비로도 4개의 크기와 모양이 같은 정삼각형을 4개 만들 수 있습니다.

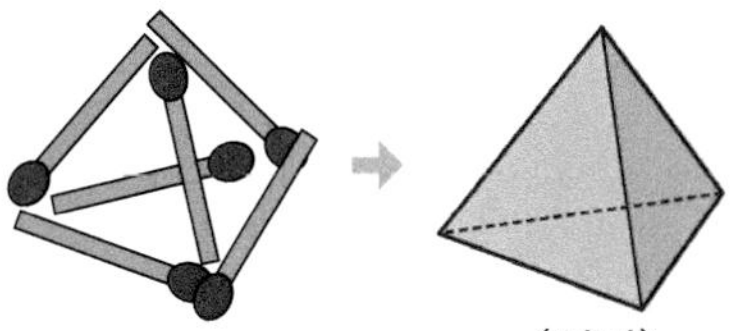

(정답)

연습문제 03 ······························· P. 52

[정답] 풀이 과정 참조

[풀이 과정]

아래와 같이 2가지 방법으로 노란색 성냥개비를 옮기면 성립하는 식을 만들 수 있습니다.

①

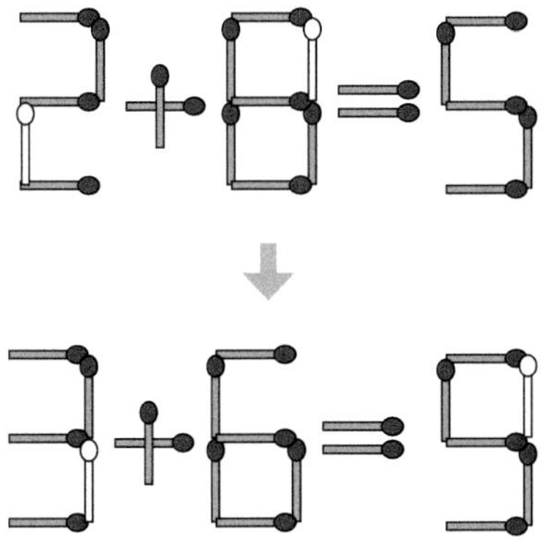

②

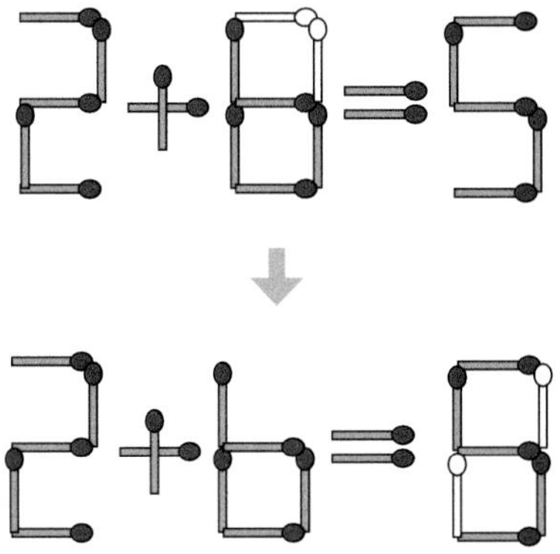

연습문제 04 ······························· P. 53

[정답] 풀이 과정 참조

[풀이 과정]

노란색으로 표시된 2개의 성냥개비를 움직이면 물고기가 바라보는 방향을 아래 또는 위로 바꿀 수 있습니다.

①

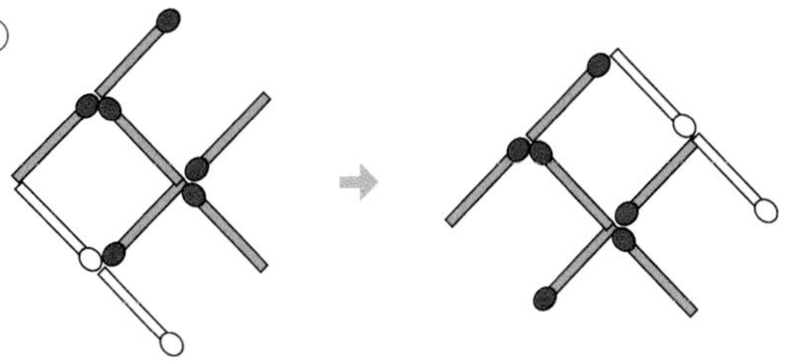

②

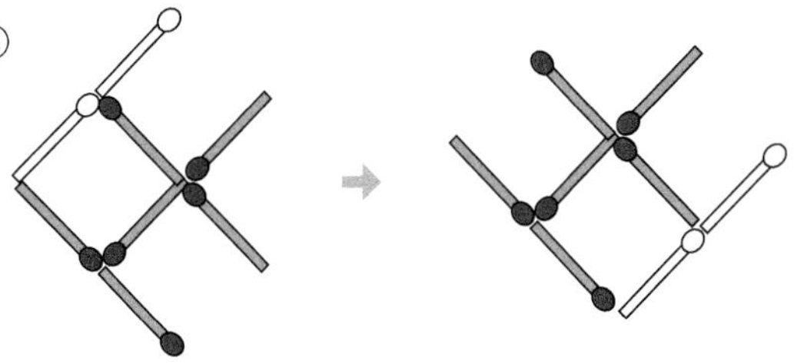

연습문제 05 ······························· P. 53

[정답] 풀이 과정 참조

[풀이 과정]

노란색으로 표시된 4개의 성냥개비를 옮기면 큰 정사각형 2개, 작은 정사각형 1개로 정사각형 3개를 만들 수 있습니다.

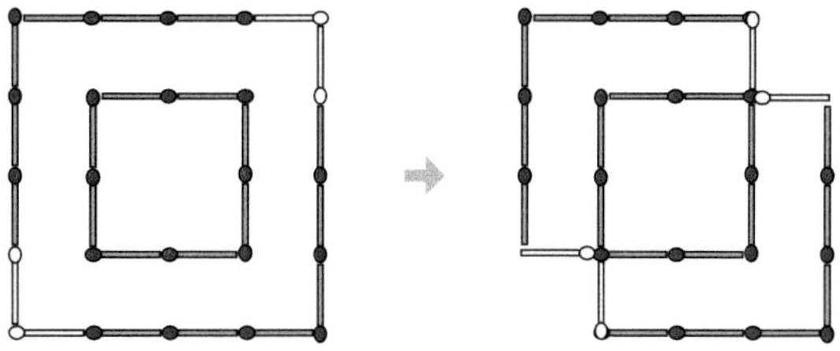

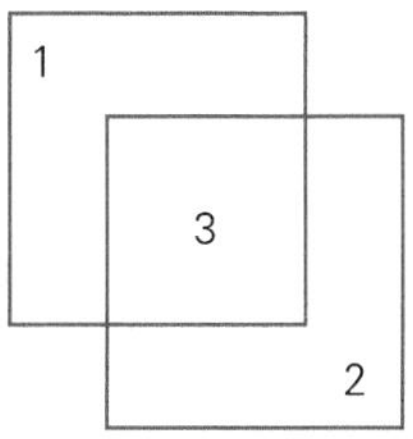

연습문제 **06** P. 54

[정답] 풀이 과정 참조

[풀이 과정]

노란색 성냥개비를 옮기면 성립하는 식을 만들 수 있습니다.

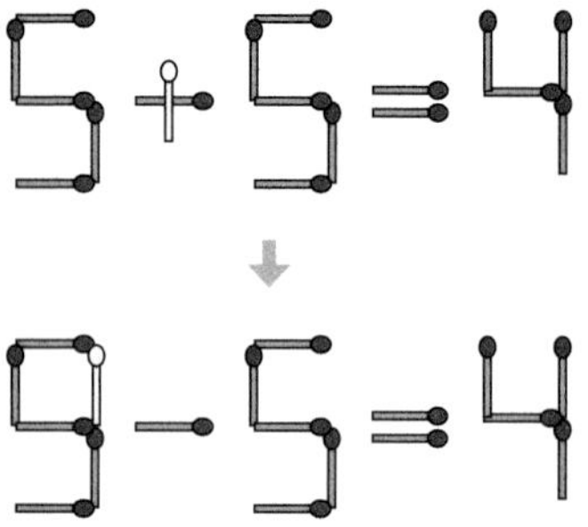

연습문제 **07** P. 54

[정답] 풀이 과정 참조

[풀이 과정]

① 3개의 성냥개비를 빼내서 크기와 모양이 같은 3개의 삼각형이 되도록 만드는 방법

➡ 노란색으로 표시된 3개의 성냥개비를 뺍니다.

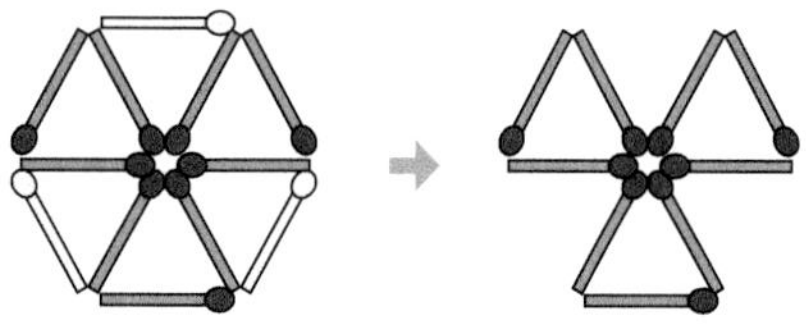

② 4개의 성냥개비를 빼내서 크기와 모양이 같은 3개의 삼각형이 되도록 만드는 방법

➡ 노란색으로 표시된 4개의 성냥개비를 뺍니다.

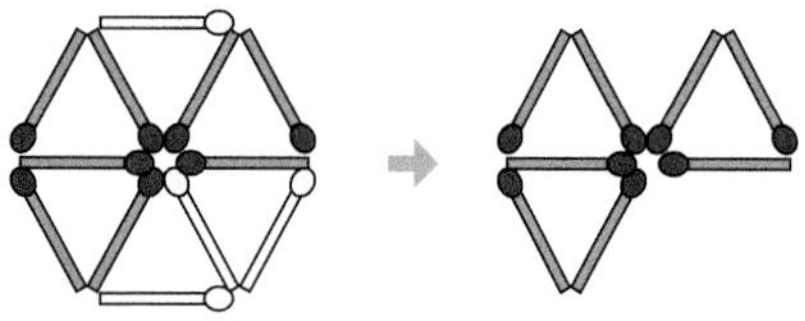

③ 5개의 성냥개비를 빼내서 크기와 모양이 같은 3개의 삼각형이 되도록 만드는 방법

➡ 노란색으로 표시된 5개의 성냥개비를 뺍니다.

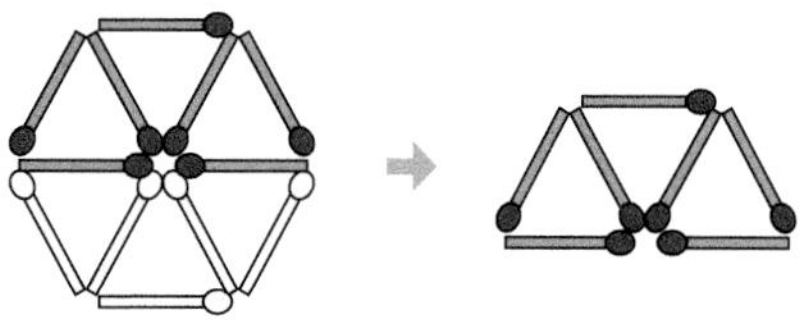

연습문제 **08** P. 55

[정답] 풀이 과정 참조

[풀이 과정]

① 2개의 성냥개비를 아래와 같이 옮기면 크기와 모양이 같은 4개의 삼각형을 만들 수 있습니다.

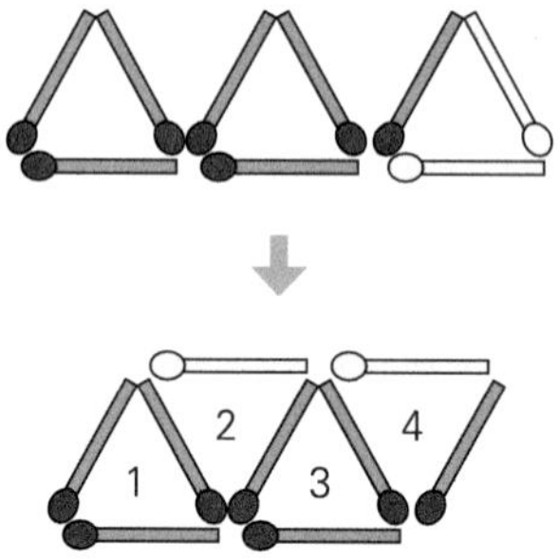

② 3개의 성냥개비를 아래와 같이 옮기면 크기와 모양이 같은 4개의 삼각형을 만들 수 있습니다.

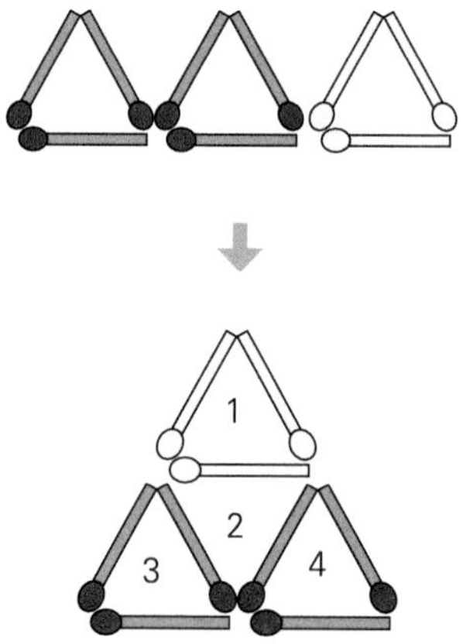

연습문제 09 P. 55

[정답] 풀이 과정 참조

[풀이 과정]

노란색으로 표시된 4개의 성냥개비를 옮기면 크기와 모양이 같은 5개의 정사각형을 만들 수 있습니다.

(맞는 예)

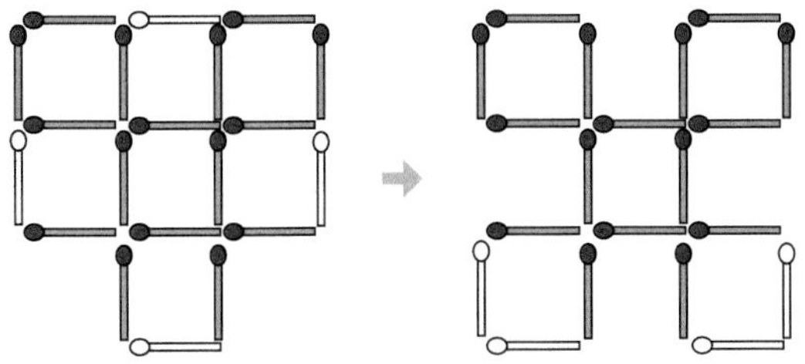

(틀린 예)

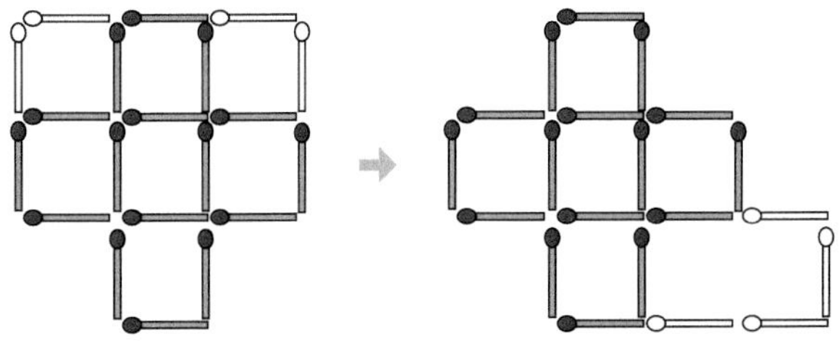

크기와 모양이 같은 5개의 정사각형이 있지만 추가로 직사각형이 생기기 때문에 틀렸습니다.

심화문제 01 P. 56

[정답] 풀이 과정 참조

[풀이 과정]

노란색으로 표시된 4개의 성냥개비를 추가하면 크기와 모양이 같은 삼각형 4개와 크고 작은 사각형 2개를 찾을 수 있습니다.

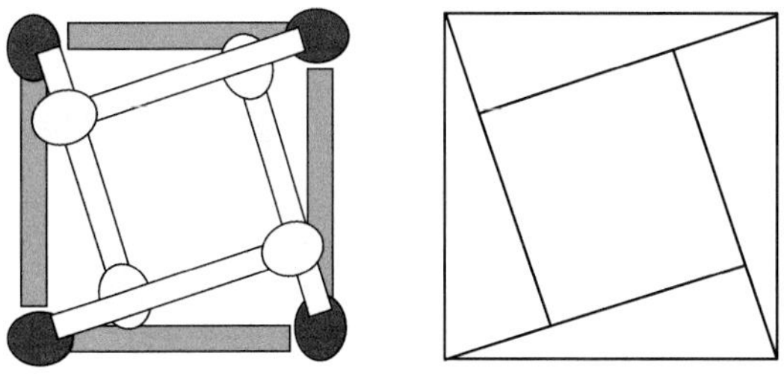

심화문제 02 P. 56

[정답] 풀이 과정 참조

[풀이 과정]

노란색으로 표시된 3개의 성냥개비를 옮기면 성립하는 식을 만들 수 있습니다.

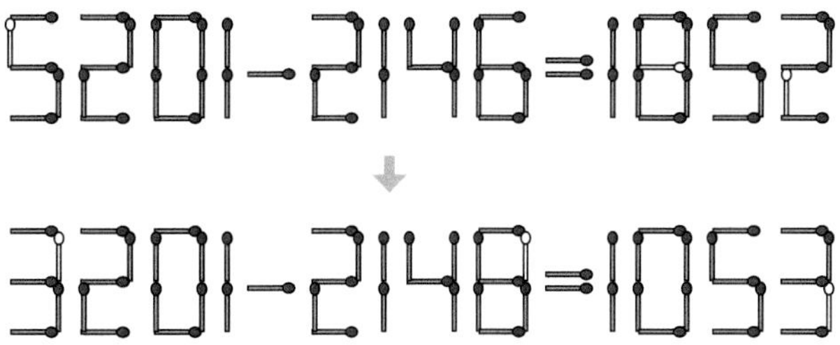

맨 앞자리 수를 맞추는 것을 시작으로 식이 성립하도록 만듭니다.

심화문제 03 ········ P. 57

[정답] 9개

[풀이 과정]노란색으로 표시된 9개의 성냥개비를 빼내면 단 1개의 정사각형도 찾을 수 없게 만들 수 있습니다.

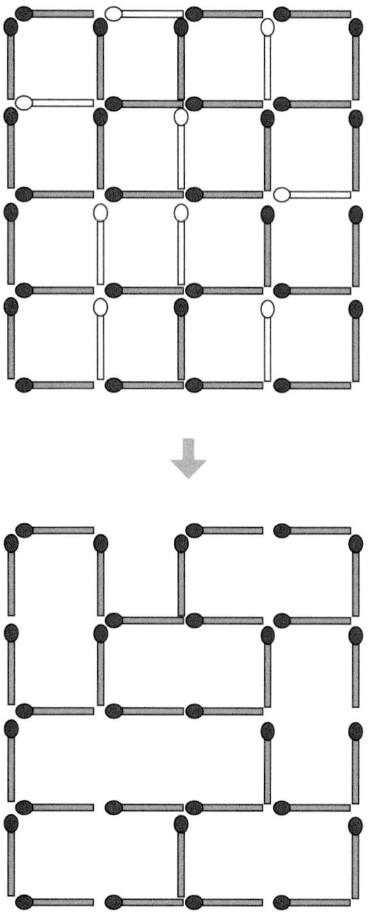

정답을 찾는 확실한 방법은 없지만 가장 큰 정사각형의 변을 이루는 16개의 성냥개비 중 1개를 없애는 것을 시작으로 그보다 작은 정사각형이 없도록 어긋나게 내부의 성냥개비를 없애봅니다.
사각형을 이루지 못하는 남는 성냥개비가 있는 모양은 정답으로 인정하지 않습니다.

심화문제 04 ········ P. 57

[정답] 996

[풀이 과정]

① 노란색으로 표시된 성냥개비 2개를 옮기면 만들 수 있는 세 자리수 중 가장 큰 수인 999를 만들 수 있습니다.

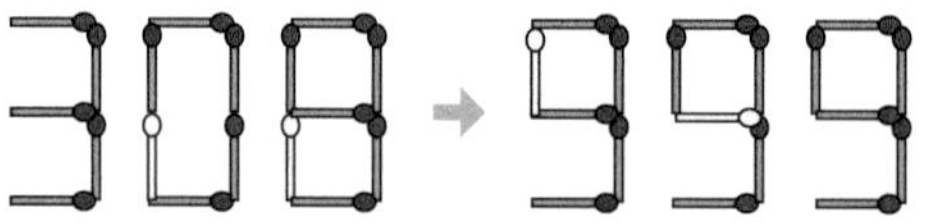

② 노란색으로 표시된 성냥개비 2개를 옮기면 만들 수 있는 세 자리수 중 두 번째로 큰 수인 998을 만들 수 있습니다. (9를 나타내는 다양한 방법을 이용합니다.)

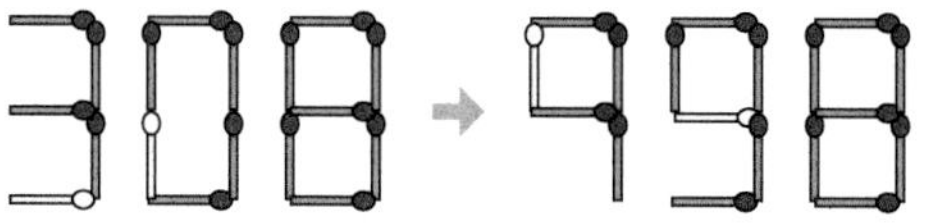

③ 성냥개비를 2개만 움직여서 997은 만들 수 없습니다. 노란색으로 표시된 성냥개비 2개를 옮기면 만들 수 있는 세 자리수 중 세 번째로 큰 수인 996을 만들 수 있습니다.

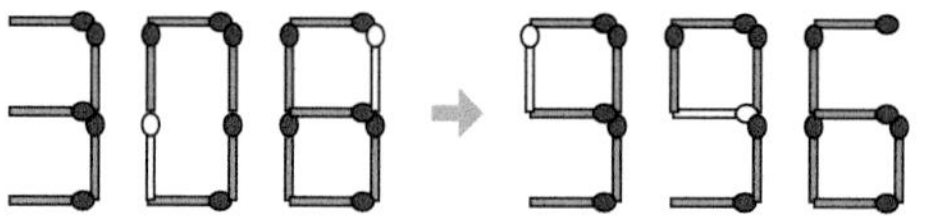

④ 따라서 성냥개비를 2개만 옮겨서 만들 수 있는 세 자리수 중 세 번째로 큰 수는 996입니다.

창의적문제해결수학 **01** .... P. 58

[정답] 풀이 과정 참조

[풀이 과정]

① 현재 상태에서는 성냥개비 1개를 옮겨서 식을 성립하게 만들 수 없습니다. 이 식을 180° 회전시켜서 생각합니다.

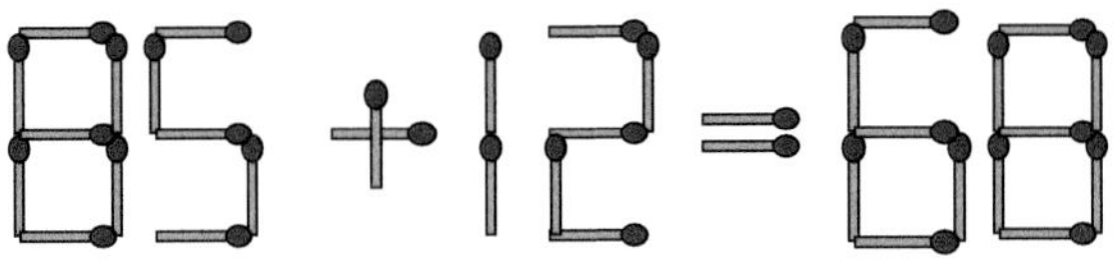

(180° 회전)

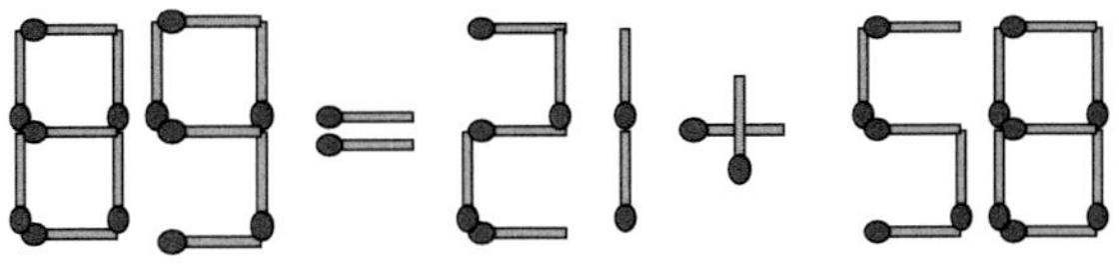

② 식을 180° 회전한 상태에서 노란색으로 표시된 성냥개비 1개를 옮기면 식을 성립하게 만들 수 있습니다.

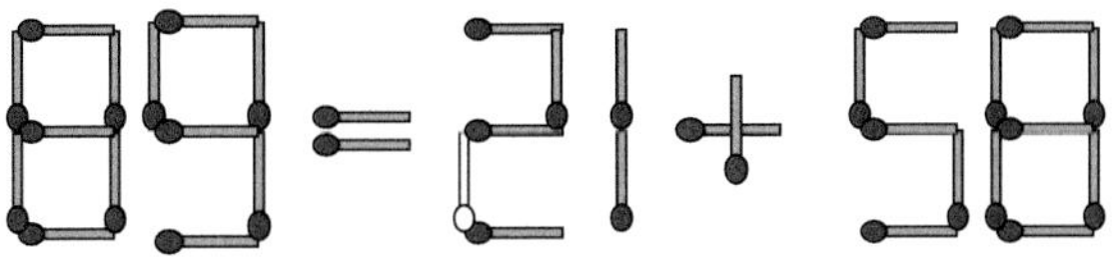

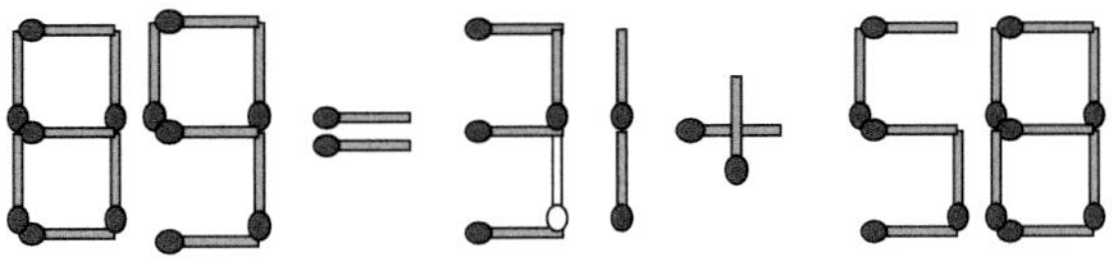

(정답)

창의적문제해결수학 **02** .... P. 59

[정답] 풀이 과정 참조

[풀이 과정]

① 규칙을 찾기 위해 각 가로줄과 세로줄에 총 몇 개의 성냥개비가 있는지 파악합니다.

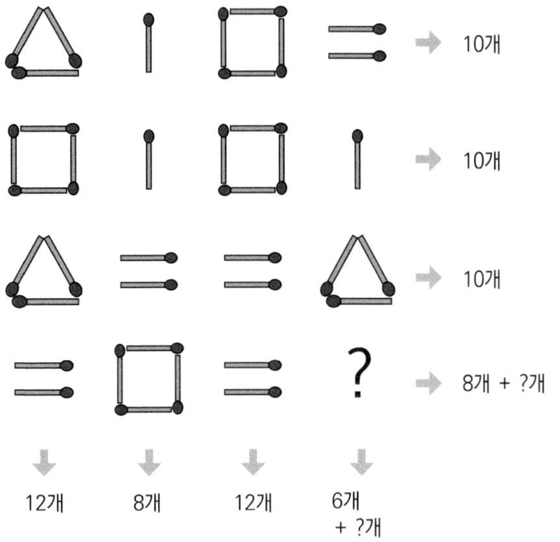

② 가로줄의 규칙은 모든 줄에 있는 성냥개비 개수의 합이 10개이고 세로줄의 규칙은 성냥개비 개수의 합이 12, 8, 12로 변합니다. 4번째 가로줄에 있는 성냥개비 개수의 합은 10개, 4번째 세로줄에 있는 성냥개비 개수의 합은 8개이므로 ? 에는 성냥개비 2개짜리 모양이 들어가야 합니다.

③ 따라서 ? 자리에 들어갈 성냥개비는 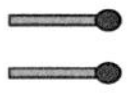 와 같은 모습입니다. (정답)

4. 다른 방법으로 풀기

대표문제 1 확인하기 1 P. 65

[정답] 연필 12자루, 펜 8자루

[풀이 과정]

① 20자루를 모두 펜을 샀다고 가정하면 총금액은 20 × 800 = 16000원입니다.

② 16000원과 무우가 실제로 계산한 금액의 차이는 16000 - 12400 = 3600원입니다.

③ 연필과 펜의 가격 차이는 800 - 500 = 300원입니다. 3600 ÷ 300 = 12이므로 연필이 12개가 있습니다.

④ 따라서 무우는 연필 12자루, 펜 8자루를 사서 12400원을 냈습니다. (정답)

대표문제 1 확인하기 2 P. 65

[정답] 4점짜리 10문제, 5점짜리 12문제

[풀이 과정]

① 22문제가 모두 4점짜리 문제라고 가정하면 만점은 4 × 22 = 88점입니다.

② 88점과 실제 만점 100점의 차이는 100 - 88 = 12점입니다.

③ 4점짜리 문제와 5점짜리 문제의 점수 차이는 5 - 4 = 1점입니다.
12 ÷ 1 = 12이므로 5점짜리 문제가 12개가 있습니다.

④ 따라서 수학 경시대회는 4점짜리 10문제, 5점짜리 12문제로 이루어져 있습니다. (정답)

대표문제 2 확인하기 P. 67

[정답] 무우 52개, 상상 28개, 알알 16개

[풀이 과정]

① 표를 만들어 거꾸로 생각합니다.

	무우	상상	알알
처음	52개	28개	16개
↑	↑ ① 과정 거꾸로		
	8개	56개	32개
	↑ ② 과정 거꾸로		
	16개	16개	64개
	↑ ③ 과정 거꾸로		
마지막	32개	32개	32개

② 따라서 구슬을 주고받기 전에는 무우는 52개, 상상이는 28개, 알알이는 16개의 구슬을 가지고 있었습니다. (정답)

연습문제 01 P. 68

[정답] 26

[풀이 과정]

① 아래와 같이 식을 표현합니다.

② 식을 거꾸로한 뒤 차례대로 계산해서 어떤 수를 구합니다.

③ 따라서 어떤 수 A는 26입니다. (정답)

연습문제 02 P. 68

[정답] 5일

[풀이 과정]

① 식물은 하루에 길이가 2배가 되므로 하루 전의 길이는 현재 길이에 ÷ 2를 한 길이입니다.

② 192부터 ÷ 2를 계속하면서 길이가 10보다 작은 날짜를 찾습니다.

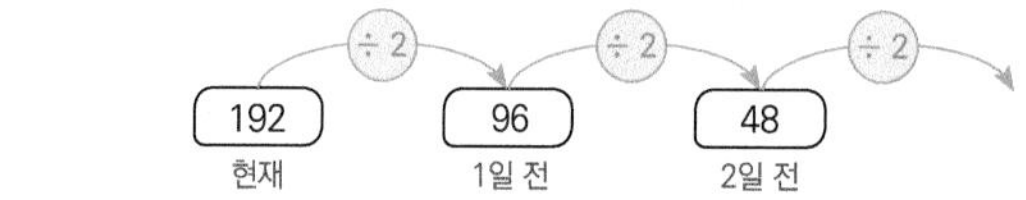

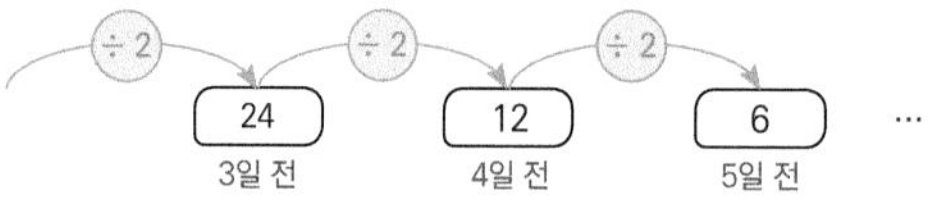

③ 따라서 식물의 길이가 10보다 짧았을 때는 현재로부터 5일 전입니다. (정답)

연습문제 03 P. 68

[정답] 7일

[풀이 과정]

① 18일 모두 비가 오지 않았다고 가정하면 상상이가 걸은 시간은 총 34 × 18 = 612분입니다.

② 612분과 상상이가 실제로 걸은 시간의 총합인 458분과의 차는 154분입니다.

③ 비가 오는 날 걷는 시간과 비가 오지 않는 날 걷는 시간의 차는 34 - 12 = 22분입니다.
154 ÷ 22 = 7이므로 18일 중 비가 온 날은 7일입니다. (정답)

연습문제 **04** .... P. 69

[정답] 8개

[풀이 과정]

① 2 = 1 × 2입니다. 각 자리의 숫자를 곱해서 한 자리 수인 2가 되는 두 자리 수는 12와 21입니다.

② 각 자리의 숫자를 곱해서 12가 되는 경우
12 = 2 × 6 = 3 × 4입니다. 각 자리의 숫자를 곱해서 12가 되는 두 자리 수는 26, 62, 34, 43입니다.

③각 자리의 숫자를 곱해서 21이 되는 경우
21 = 3 × 7입니다. 각 자리의 숫자를 곱해서 21이 되는 두 자리 수는 37, 73입니다.

④ 따라서 각 자리의 숫자를 계속 곱해서 한 자리 수를 만들 때, 2가 되는 두 자리 수는 12, 21, 26, 62, 34, 43, 37, 73으로 총 8개입니다. (정답)

연습문제 **05** .... P. 69

[정답] 6개

[풀이 과정]

① 제이가 15문제를 모두 맞힌다고 하면 얻을 수 있는 점수는 45점입니다.

② 1문제를 틀릴 때마다 맞힌 문제도 1문제가 줄어들므로 5점씩 감점이 됩니다.
45 ÷ 5 = 9이므로 9문제를 틀린다면 0점을 받습니다.

③ 9문제 이상 틀리면 제이의 점수는 0점입니다.
따라서 0점인 제이가 맞힌 문제의 최대 개수는 6개입니다. (정답)

연습문제 **06** .... P. 70

[정답] 7캔

[풀이 과정]

① 알알이가 20캔 모두를 900원씩 사서 마셨다고 가정하면 알알이가 쓴 총금액은 20 × 900 = 18,000원입니다.

② 18,000원과 알알이가 실제로 쓴 금액 18,350원과의 차이는 18350 - 18000 = 350원입니다.

③ 가격이 오른 음료와 오르기 전 음료의 금액 차이는
950 - 900 = 50원입니다.
350 ÷ 50 = 7이므로 알알이가 사 먹은 20캔 중 7캔은 950원에 사서 먹은 음료입니다. (정답)

연습문제 **07** .... P. 70

[정답] 50원짜리 4개, 100원짜리 3개, 500원짜리 5개

[풀이 과정]

① 1개의 50원짜리 동전을 100원짜리 동전으로 바꾸면 가지고 있는 총금액은 50원이 늘어나고 500원짜리 동전으로 바꾸면 총금액은 450원이 늘어납니다. 1개의 100원짜리 동전을 500원짜리 동전으로 바꾸면 가지고 있는 총금액은 400원이 늘어납니다.

② 3,000원에 근접한 액수를 찾기 위해 12개의 동전 중 4개를 50원, 4개를 100원, 4개를 500원짜리 동전이라고 생각하면 가지고 있는 총금액은 2,600원입니다.

③ 1개의 100원짜리 동전을 500원짜리 동전으로 바꾸면 총금액은 400원이 늘어납니다.
3000 - 2600 = 400이므로 1개의 100원짜리 동전을 500원짜리 동전으로 바꿉니다.

④ 따라서 무우가 가지고 있는 동전은 50원짜리 4개, 100원짜리 3개, 500원짜리 5개입니다. (정답)

연습문제 **08** .... P. 71

[정답] 9번

[풀이 과정]

① 15개의 경기에서 모두 앞면이 나온다고 가정하면 무우가 받는 금액은 300 × 15 = 4,500원입니다.

② 한 경기를 지면 이긴 경기가 한 경기 줄어듭니다. 한 경기를 질 때마다 받는 금액은 400원씩 적어집니다.

③ 6 × 400 = 2,400원이고 4500 - 2400 = 2,100원입니다. 총 15개의 경기 중 9개의 경기에서 이기고 6개의 경기에서 졌을 때 받는 금액은 2,100원입니다. 진 경기가 6개의 경기보다 많아진다면 받는 금액이 2,000원보다 적어집니다.

④ 따라서 15번째 게임이 끝나고 무우가 받은 금액이 2,000원 이상이 되기 위해서 15개의 경기 중 앞면이 9번 이상 나와야 합니다. (정답)

연습문제 **09** P. 71

[정답] 8개

[풀이 과정]

① 각 과정을 ①, ②, ③ 이라고 합니다. 표를 만들어 거꾸로 생각합니다.

i. 무우가 자신이 가진 사탕 개수의 절반을 상상이와 알알이에게 똑같이 나누어 줍니다.

ii. 무우에게 사탕을 받은 후 상상이가 자신이 가진 사탕 개수의 절반을 무우와 알알이에게 똑같이 나누어 줍니다.

iii. 상상이에게 사탕을 받은 후 알알이가 자신이 가진 사탕 개수의 절반을 무우와 상상이에게 똑같이 나누어 줍니다.

	무우	상상	알알
처음	8개	14개	26개
↑	↑ ① 과정 거꾸로		
	4개	16개	28개
	↑ ② 과정 거꾸로		
	8개	8개	32개
	↑ ③ 과정 거꾸로		
마지막	16개	16개	16개

② 따라서 게임을 시작하기 전 무우가 가지고 있던 사탕은 8개입니다. (정답)

심화문제 **01** P. 72

[정답] 33개

[풀이 과정]

① 표를 만들어 거꾸로 생각합니다.

	A 상자	B 상자	C 상자
처음	63개	33개	18개
↑	↑ ① 과정 거꾸로		
	63 − 55 = 8개	33 + 35 = 68개	18 + 20 = 38개
	↑ ② 과정 거꾸로		
	8 + 10 = 18개	68 − 50 = 18개	38 + 40 = 78개
	↑ ③ 과정 거꾸로		
마지막	18 + 20 = 38개	18 + 20 = 38개	78 − 40 = 38개

② <보기>의 과정을 시작하기 전에 A 상자에는 63개, B 상자에는 33개, C 상자에는 18개의 귤이 들어 있었습니다. 따라서 B 상자에 들어있던 귤의 개수는 33개입니다. (정답)

심화문제 **02** P. 73

[정답] 10, 28

[풀이 과정]

① 거꾸로 생각해서 어떤 수 B부터 구합니다.

i. 어떤 수 B가 짝수일 때

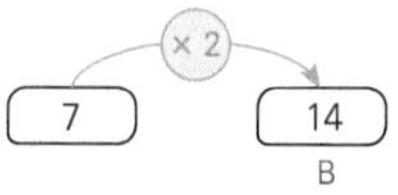

어떤 수 B가 짝수일 때, 어떤 수 B는 14입니다.

ii. 어떤 수 B가 홀수일 때

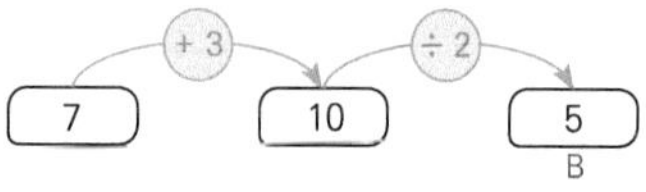

어떤 수 B가 홀수일 때, 어떤 수 B는 5입니다.

② 어떤 수 B가 14 또는 5일 때를 이용해서 어떤 수 A를 구합니다.

i. 어떤 수 A가 짝수일 때

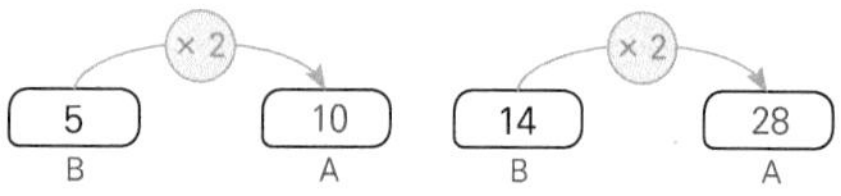

어떤 수 A가 짝수일 때, 10, 28입니다.

ii. 어떤 수 A가 홀수일 때

어떤 수에 2를 곱하고 3을 뺐을 때, 14가 나오는 자연수는 없습니다.

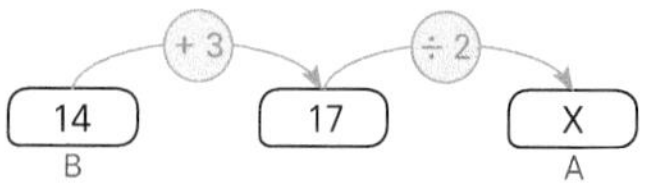

어떤 수에 2를 곱하고 3을 뺐을 때, 5 가 나오는 어떤 수 A는 4입니다.

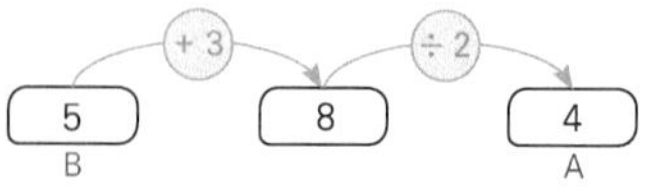

하지만 4는 홀수가 아니므로 이 경우는 정답이 아닙니다.

③ 따라서 어떤 수 A가 될 수 있는 수는 10, 28입니다. (정답)

심화문제 03 ········ P. 74

[정답] 2명

[풀이 과정]

① 1문제를 맞힌 사람이 8명, 4문제를 맞힌 사람이 6명이므로 맞힌 문제 수는 $1 \times 8 + 4 \times 6 = 32$개입니다.
2문제, 3문제, 5문제를 맞힌 사람들은 총 $40 - 14 = 26$명이고 맞힌 문제 수는 $102 - 32 = 70$개입니다.

② 26명이 모두 5문제를 맞혔다고 가정하면 맞힌 문제 수는 $26 \times 5 = 130$개입니다.
26명이 맞힌 문제 수인 70개와 130개의 차는
$130 - 70 = 60$입니다.
5문제를 맞힌 사람 2명을 2문제 맞힌 사람 1명과 3문제 맞힌 사람 1명으로 생각하면 총 맞힌 문제 수는 5개씩 줄어듭니다.
$60 \div 5 = 12$이므로 2문제를 맞힌 사람이 12명,
3문제를 맞힌 사람이 12명입니다.
5문제를 맞힌 사람은 $26 - 24 = 2$명입니다.

③ 쪽지 시험을 본 40명 중 1문제를 맞힌 사람은 8명, 2문제를 맞힌 사람은 12명, 3문제를 맞힌 사람은 12명, 4문제를 맞힌 사람은 6명, 5문제를 맞힌 사람은 2명입니다.
따라서 모든 문제를 맞힌 사람은 2명입니다. (정답)

심화문제 04 ········ P. 75

[정답] 2인용 의자 : 13개, 5인용 의자 : 37개

[풀이 과정]

① 총 50개의 의자에 210명이 앉으면 남는 의자가 없이 한 자리가 남으므로 의자 50개의 자리가 총 211자리입니다.

② 50개의 의자가 모두 5인용 의자라면
총 $50 \times 5 = 250$자리가 있습니다.
실제로 있는 자리 수인 211과의 차이는
$250 - 211 = 39$입니다.
5인용 의자와 2인용 의자의 자리 수의 차이는 $5 - 2 = 3$이고 $39 \div 3 = 13$이므로 2인용 의자는 13개가 있습니다.

③ 따라서 50개의 의자 중 2인용 의자의 개수는 13개, 5인용 의자의 개수는 37개입니다. (정답)

창의적문제해결수학 01 ········ P. 76

[정답] 풀이 과정 참조

[풀이 과정]

① 거꾸로 생각하면서 잘못 생각한 부분을 찾습니다.
ⅰ. 여행객이 각각 금화 10개씩을 냈습니다.
➡ 총 30개의 금화가 호텔에 있습니다.
ⅱ. 직원 B에게 금화 5개를 돌려줍니다.
➡ 직원 B는 5개의 금화를 가지고 있고 25개의 금화는 호텔에 있습니다.
ⅲ. 직원 B가 금화 2개를 갖고 3개를 3명의 여행객에게 돌려줍니다.
➡ 직원 B는 2개의 금화를, 3명의 여행객은 3개의 금화를 가지고 있고, 25개의 금화는 호텔에 있습니다.

② 무우가 생각한 3명의 여행객이 각각 금화 9개씩 낸 것은 직원 B가 가지고 있는 2개의 금화와 호텔에 있는 25개의 금화입니다. ➡ $3 \times 9 = 2 + 25$

③ 따라서 무우가 생각한 부분 중 각 여행객이 낸 9개의 금화와 직원 B가 가진 금화를 합쳐서 전체 금화 개수인 30개와 비교하는 것은 잘못 생각했습니다.

창의적문제해결수학 02 ········ P. 77

[정답] 70번째 계단

[풀이 과정]

① 무우가 20경기를 모두 졌다고 가정하면 총 $20 \times 1 = 20$개의 계단을 내려가므로 100개의 계단 중 $50 - 20 = 30$번째 계단에 있습니다.

② 30번째 계단과 무우가 있는 90번째 계단의 차는
$90 - 30 = 60$입니다.
무우가 한 경기를 이기면 진 경기도 한 경기가 줄어들므로 총 5개의 계단을 올라갔습니다. $60 \div 5 = 12$이므로 무우는 총 12경기를 이겼습니다.

③ 무우가 12경기를 이겼으므로 상상이는 8경기를 이겼고 12경기를 졌습니다. 경기 규칙에 따라 상상이는 50번째 계단에서 $4 \times 8 = 32$개의 계단을 올라갔다가
$1 \times 12 = 12$개의 계단을 내려왔습니다.
따라서 상상이는 $50 + 32 - 12 = 70$번째 계단에 있습니다.
(정답)

5. 간격 문제

대표문제1 확인하기 1 .... P. 83

[정답] 10층

[풀이 과정]

① 무우와 상상이가 올라간 층수는 다음과 같습니다.
무우 : 4 - 1 = 3층, 상상 : 7 - 1 = 6층
상상이가 6개의 층을 올라가는 동안 무우는 3개의 층을 올라갑니다.

② 1층에서 무우와 상상이가 동시에 출발했을 때 상상이가 19층에 있다면 상상이는 19 - 1 = 18개의 층을 올라갔습니다.
18 = 6 × 3이고 무우는 상상이가 6개의 층을 올라가는 동안 3개의 층을 올라가므로 상상이가 18개의 층을 올라가는 동안 무우는 3 × 3 = 9개의 층을 올라갑니다.
따라서 상상이가 19층에 있을 때, 무우는 10층에 있습니다. (정답)

대표문제1 확인하기 2 .... P. 83

[정답] 9층

[풀이 과정]

① 알알이와 제이가 내려간 층수는 다음과 같습니다.
알알 : 15 - 12 = 3층, 제이 : 15 - 13 = 2층
알알이가 3개의 층을 내려가는 동안 제이는 2개의 층을 내려갑니다.

② 15층부터 내려가는 알알이가 6층에 있다면 알알이는 15 - 6 = 9개의 층을 내려갔습니다.
9 = 3 × 3이고 제이는 알알이가 3개의 층을 내려갈 때마다 2개의 층을 내려가므로 알알이가 9개의 층을 내려가는 동안 제이는 2 × 3 = 6개의 층을 내려갑니다.
따라서 알알이가 6층에 있을 때, 제이는 9층에 있습니다. (정답)

대표문제2 확인하기 1 .... P. 85

[정답] 20개

[풀이 과정]

① 20m 간격으로 카메라를 설치하고 카메라와 카메라 사이를 1개의 구간으로 보면
총 400 ÷ 20 = 20개의 구간입니다.

② 원의 둘레를 20개의 구간으로 나누는데 필요한 점의 개수(카메라의 개수)는 구간의 개수와 같으므로 20개입니다. 그림으로 표현하면 아래와 같습니다. (정답)

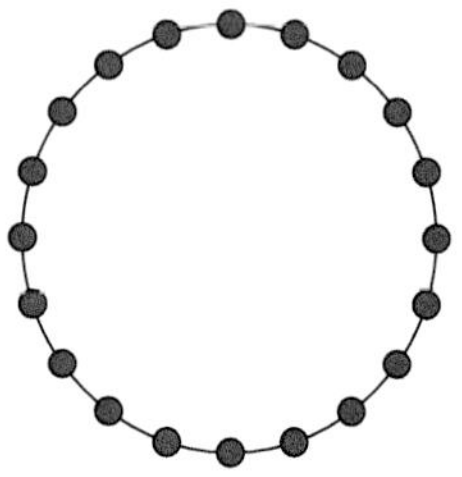

대표문제2 확인하기 2 .... P. 85

[정답] 51개

[풀이 과정]

① 가로수가 7m 간격으로 있고 가로수와 가로수 사이를 하나의 구간으로 본다면 총 350 ÷ 7 = 50개의 구간이 있습니다.

② 양 끝점을 포함하면서 구간을 나누기 위해 (가로수의 개수)는 (구간의 개수 + 1)입니다. 따라서 50개의 구간으로 나누기 위해 51개의 점(가로수)가 필요합니다. (정답)

대표문제2 확인하기 3 .... P. 85

[정답] 103번

[풀이 과정]

① 312m의 철사를 3m 간격으로 자르면 철사는 총 312 ÷ 3 = 104개로 나누어집니다.

② 양 끝점을 찍지 않고 선분을 104개의 구간으로 나누는 것과 같습니다. 필요한 점의 개수는 (구간의 개수 - 1)이므로 103개입니다. 따라서 312m의 철사를 3m 간격으로 자르기 위해서 총 103번 잘라야 합니다. (정답)

연습문제 01 .... P. 86

[정답] 12층

[풀이 과정]

① 3층에서 동시에 출발해서 무우는 11층, 상상이는 9층에 있다면 각자가 올라간 층의 개수는 다음과 같습니다.
무우 : 11 - 3 = 8,　상상 : 9 - 3 = 6
무우가 8개의 층을 올라가는 동안 상상이는 6개의 층을 올라갑니다.
절반씩으로 생각하면 무우가 4개의 층을 올라가는 동안 상상이는 3개의 층을 올라갑니다.

② 따라서 11층에 있던 무우가 4개의 층을 올라가서 15층에 있으면 9층에 있던 상상이는 3개의 층을 올라가서 12층에 있습니다. (정답)

연습문제 02 .... P. 86

[정답] 가로등 8개 / 나무 24개

[풀이 과정]

① 가로등과 가로등 사이를 하나의 구간으로 보면 총구간의 개수는 128 ÷ 16 = 8개입니다.

② 원을 8개의 구간으로 나누기 위해서 구간의 개수와 같은 8개의 점이 필요합니다.
호수의 둘레에 16m 간격으로 가로등을 세우면 가로등은 총 8개를 세울 수 있습니다.

③ 각 구간에는 3개의 나무가 심습니다. 구간은 총 8개이므로 필요한 나무의 개수는 3 × 8 = 24개입니다.

④ 따라서 필요한 가로등은 8개, 나무는 24개입니다. (정답)

연습문제 03 .... P. 86

[정답] 119m

[풀이 과정]

① 길이 5m인 버스가 1m 간격으로 서 있다면 아래의 그림과 같습니다.

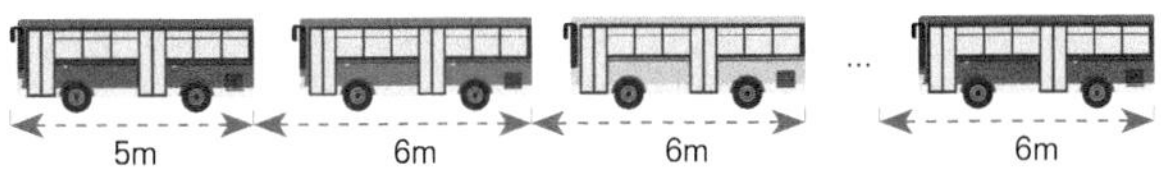

② 이 버스 20대의 총길이는 첫 번째 버스의 길이 5m에 (간격 + 버스의 길이)인 6m를 19번 더한 길이입니다.
따라서 총길이는 5 + (6 × 19) = 119m입니다. (정답)

연습문제 04 .... P. 87

[정답] 6, 7, 8, 9개

[풀이 과정]

① 꼭짓점에 심어진 나무의 개수에 따라 필요한 나무의 개수가 달라집니다.
ⅰ. 모든 꼭짓점에 나무를 심지 않는 경우 아래와 같이 9개의 나무가 필요합니다.

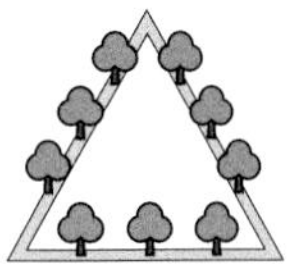

ⅱ. 1개의 꼭짓점에만 나무를 심는 경우 아래와 같이 8개의 나무가 필요합니다.

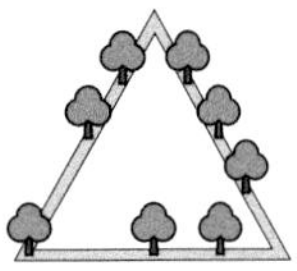

ⅲ. 2개의 꼭짓점에만 나무를 심는 경우 아래와 같이 7개의 나무가 필요합니다.

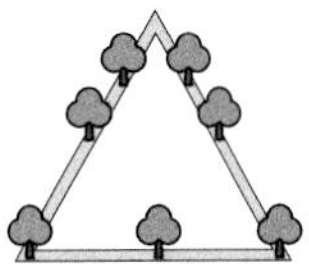

ⅳ. 모든 꼭짓점에 나무를 심는 경우 아래와 같이 6개의 나무가 필요합니다.

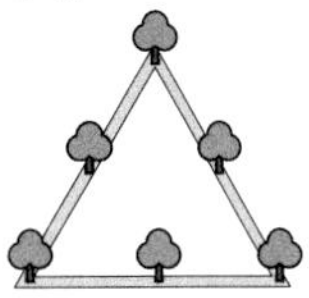

② 따라서 필요한 나무의 개수로 알맞은 수는 6, 7, 8, 9개입니다. (정답)

연습문제 05 .... P. 87

[정답] 33분

[풀이 과정]

① 18m인 통나무를 3m인 도막으로 자르려면 아래와 같이 5번을 잘라야 합니다.

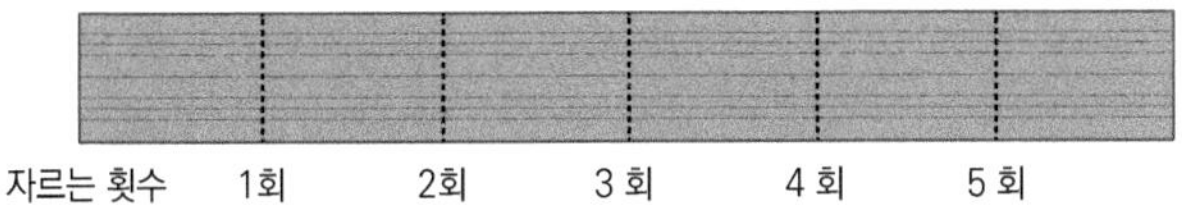

② 1회 ~ 4회까지 자른 후에는 2분간의 휴식이 있지만 5회째에는 자른 후 쉴 필요 없습니다. 총 걸리는 시간은 다음과 같습니다.
(총 걸리는 시간) = (통나무를 1회 자를 때 걸리는 시간 × 5) + (자른 후 쉬는 시간 × 4)

③ 따라서 총 걸리는 시간은 5 × 5 + 2 × 4 = 33분입니다. (정답)

연습문제 **06** P. 88

[정답] 1. 18명 2. 17명

[풀이 과정]

1. 학생 18명이 원형으로 서 있다면 남학생과 남학생 사이의 구간은 아래 그림과 같이 총 18개입니다. 따라서 2명의 남학생 가운데에 1명의 여학생이 서 있으려면 총 18명의 여학생이 필요합니다.

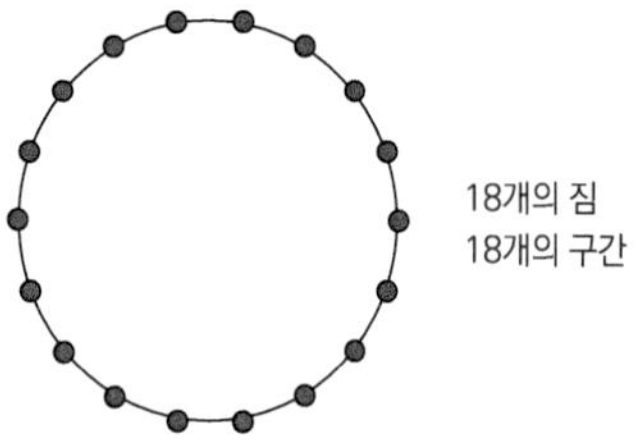

2. 남학생 18명이 일렬로 서 있다면 남학생과 남학생 사이의 구간은 아래 그림과 같이 총 17개입니다. 따라서 2명의 남학생 가운데에 1명의 여학생이 서 있으려면 총 17명의 여학생이 필요합니다. (정답)

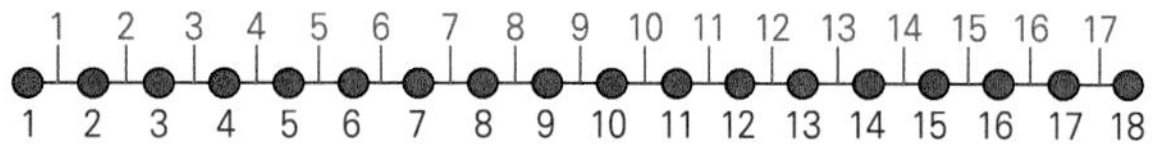

연습문제 **07** P. 88

[정답] 28일

[풀이 과정]

① 무우는 첫 번째 날에 3km를 거슬러 올라갑니다.
두 번째 날부터는 하루에 1km만큼 떠내려온 거리 때문에 총 3 - 1 = 2km만큼씩 거슬러 올라가게 됩니다.

② 19일 : 3km, 20일 : 3 + 2 = 5 km,
21일 : 3 + 2 + 2 = 7 km, … 와 같이 진행하다 보면 27일에는 3 + 2 × 8 = 19km 떨어진 곳까지 갈 수 있습니다.
따라서 20km 떨어진 목적지에는 그 다음 날인 28일에 도착할 수 있습니다. (정답)

연습문제 **08** P. 88

[정답] 33분

[풀이 과정]

① 36cm인 철사를 4cm인 도막으로 자르면 총 9개의 도막이 나옵니다. 알알이는 9 - 1 = 8회 자른 것이고 총 24분이 걸렸으므로 1회 자르는데 24 ÷ 8 = 3분이 걸립니다.

② 36cm인 철사를 3cm인 도막으로 자르면 총 12개의 도막이 나오게 됩니다.

③ 따라서 알알이는 총 12 - 1 = 11회 잘라야 하며 1회당 3분이 걸리므로 총 3 × 11 = 33분이 걸리게 됩니다. (정답)

연습문제 **09** P. 89

[정답] 75초

[풀이 과정]

① 1층에서 4층까지 올라가려면 총 4 - 1 = 3개의 층을 올라가야 합니다. 3개의 층을 올라가는 데 45초가 걸리므로 상상이가 1개의 층을 걸어서 올라가는 데 걸리는 시간은
45 ÷ 3 = 15초입니다.

② 뛰어 올라가면 걸어 올라가는 것에 비해 3배의 속도로 올라갈 수 있으므로 상상이가 1개의 층을 뛰어서 올라가는 데 걸리는 시간은 15 ÷ 3 = 5초입니다.

③ 상상이가 1층에서 9층까지 뛰어 올라갈 때, 총 8개의 층을 올라가고 2 ~ 8층 총 7개의 층에서 쉬었다가 올라가므로 총 걸리는 시간은 다음과 같습니다.
(총 걸리는 시간) = (1개의 층을 뛰어 올라갈 때 걸리는 시간 × 8) + (쉬는 시간 × 7)

④ 따라서 상상이가 1층에서 9층까지 뛰어 올라갈 때 걸리는 시간은 (5 × 8) + (5 × 7) = 75초입니다. (정답)

연습문제 **10** P. 89

[정답] 30m

[풀이 과정]

① 도로가 4m라면 도로의 양 끝에 나무를 심으면서 도로에 3m 간격으로 나무를 심을 수 없습니다. 도로가 몇 m짜리 구간의 합인지 생각합니다.

② 도로의 한 구간을 6m라고 하면 2m씩 나무를 심을 때는 3그루, 3m씩 나무를 심을 때는 2그루를 심을 수 있습니다.
➔ 1그루 차이가 납니다.

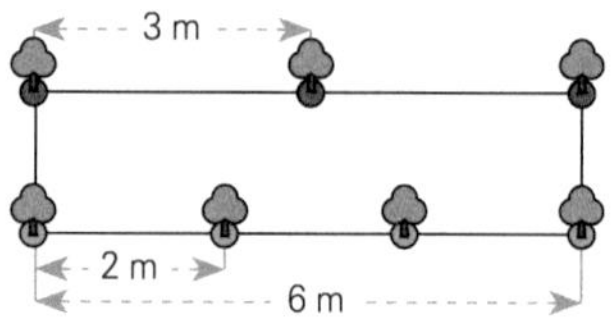

③ 2m 간격으로 심어져 있던 나무를 3m 간격으로 옮겨 심었을 때 5그루가 차이나므로 6m짜리 구간 5개가 붙어있습니다.
➔ 도로의 길이를 30m라고 생각합니다.

④ 길이가 30m인 도로에 양 끝점을 포함해서 2m 간격으로 나무가 심어져 있다면 나무는 총 30 ÷ 2 + 1 = 16그루가 심어져 있습니다. 길이가 30m인 도로에 양 끝점을 포함해서 3m 간격으로 나무를 심으려면 필요한 나무는 총 30 ÷ 3 + 1 = 11그루입니다.

⑤ 따라서 2m 간격으로 심어져 있는 나무를 3m 간격으로 옮겨 심었을 때 5그루의 나무가 남으려면 도로의 길이는 30m가 되어야 합니다. (정답)

심화문제 01 .... P. 90

[정답] 16개

[풀이 과정]

① 가로와 세로의 길이 중 긴 쪽을 기준으로 가로등을 설치할 수 있는 일정한 간격을 찾습니다.

② 가로의 길이는 70입니다. 70은 다음과 같이 표현될 수 있습니다.

70 = 1 × 70, 70 = 2 × 35,
70 = 5 × 14, 70 = 7 × 10

i. 1m 간격으로 가로등을 설치하면 세로의 길이인 42m에도 일정한 간격으로 가로등을 설치할 수 있습니다. 이 경우 직사각형의 둘레에 설치해야 하는 가로등의 개수가 224개입니다.

ii. 2m 간격으로 가로등을 설치하면 세로의 길이인 42m에도 일정한 간격으로 가로등을 설치할 수 있습니다. 이 경우 직사각형의 둘레에 설치해야 하는 가로등의 개수가 112개입니다.

iii. 7m 간격으로 가로등을 설치하면 세로의 길이인 42m에도 일정한 간격으로 가로등을 설치할 수 있습니다. 이 경우 직사각형의 둘레에 설치해야 하는 가로등의 개수가 32개입니다.

iv. 14m 간격으로 가로등을 설치하면 세로의 길이인 42m에도 일정한 간격으로 가로등을 설치할 수 있습니다. 이 경우 직사각형의 둘레에 설치해야 하는 가로등의 개수가 16개입니다.

v. 5m, 10m, 35m, 70m 간격으로 가로등을 설치하면 세로의 길이인 42m에 일정한 간격으로 가로등을 설치할 수 없습니다. 이 경우는 틀렸습니다.

vi. 각 선분에 몇 개의 가로등을 설치할 수 있는지를 구한 후 숫자를 세어 총가로등의 개수를 구합니다.
예) 14m 간격으로 설치할 때, 가로 선분에는 6개, 세로 선분에는 4개의 가로등이 설치됩니다.

vii. 그림과 같이 가로등의 개수를 묶으면 가로등의 총 개수는 3 + 5 + 3 + 5 = 16개입니다.

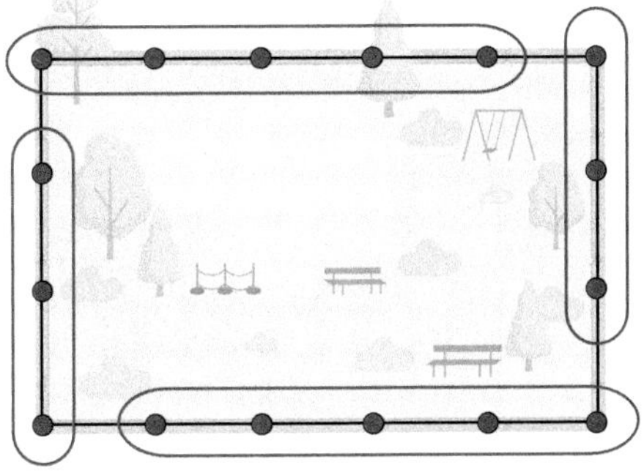

③ 따라서 가장 적은 개수의 가로등을 설치하기 위해서 가로등 사이의 길이를 14m로 해야하고 필요한 가로등은 16개입니다. (정답)

심화문제 02 .... P. 91

[정답] 264mm

[풀이 과정]

① 고리를 팽팽하게 당기면 아래와 같은 모습이 됩니다.

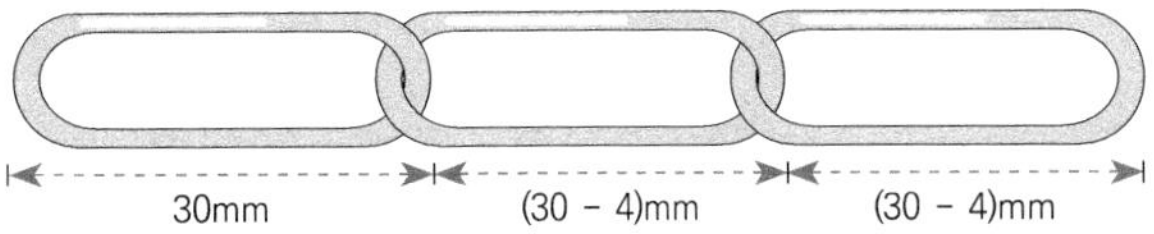

② 고리를 1개 엮을 때마다 처음의 30mm에서 길이는 30 - 4 = 26mm 씩 늘어납니다.

③ 따라서 10개의 고리를 엮었으므로 총길이는 30 + 26 × 9 = 264mm입니다. (정답)

심화문제 03 .... P. 92

[정답] 48m

[풀이 과정]

① 가로등은 빨간색 점, 가로수는 초록색 점으로 표시합니다.

② 도로의 길이가 12m라면 아래와 같이 가로등은 4개, 가로수는 5개를 설치할 수 있습니다.

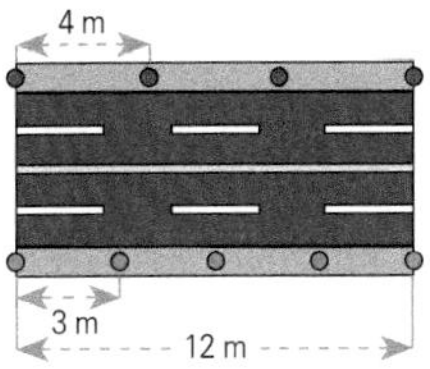

③ 아래와 같이 도로의 길이가 12m가 늘어난다면 가로등(빨간색 점)은 3개, 가로수(초록색 점)는 4개씩 늘어납니다.

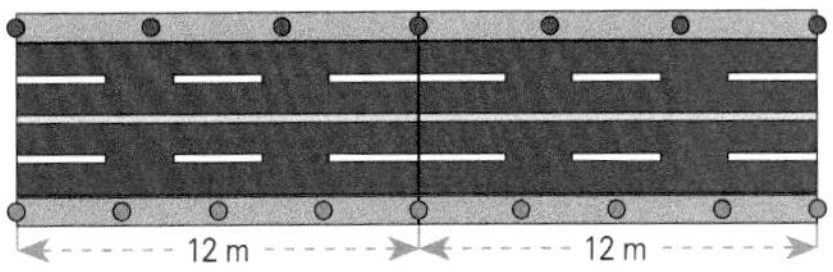

④ 도로의 길이가 12m이면 가로등과 가로수의 개수의 합은 9개이고 이후 12m씩 도로가 늘어날 때마다 총개수의 합은 7개씩 늘어납니다.
도로의 길이에 따른 가로등과 가로수의 개수의 합은 다음과 같습니다.
도로의 길이가 12m일 때 : 9개
도로의 길이가 24m일 때 : 9 + 7 = 16개
도로의 길이가 36m일 때 : 9 + 7 + 7 = 23개
도로의 길이가 48m일 때 : 9 + 7 + 7 + 7 = 30개

⑤ 따라서 도로에 가로등과 가로수를 총 30개 설치하기 위한 도로의 길이는 48m입니다. (정답)

심화문제 **04** .... P. 93

[정답] 42분 30초

[풀이 과정]

① 1층에서 출발한 제이가 15층에 도착할 때까지 걸리는 시간은 10분입니다. 올라갈 때는 7개의 층을 올라갈 때마다 3분씩 쉬므로 총 14개의 층을 올라갈 때 걸린 시간은 10 - 3 = 7분입니다. 즉, 7개의 층을 올라갈 때 걸리는 시간은 3분 30초입니다.

② 내려갈 때는 올라갈 때의 2배의 속도로 내려오고 중간에 쉬지 않으므로 15층에서 출발해서 1층에 도착할 때까지 걸리는 시간은 3분 30초입니다.

③ 따라서 제이가 아파트 계단을 1회 왕복하는 데 걸리는 시간은 다음과 같습니다.
10분(1층에서 15층까지 올라가는 시간) + 3분(15층에서 쉬는 시간) + 3분 30초(15층에서 1층까지 내려가는 시간) = 16분 30초

④ 1회 왕복한 후 3분 쉰 후 다시 아파트 계단을 왕복하므로 제이가 아파트 계단을 2회 왕복하는 데 걸리는 시간은 다음과 같습니다.
16분 30초(1회 왕복하는 데 걸리는 시간) + 3분(1층에서 쉬는 시간) + 16분 30초(2회째 왕복하는 데 걸리는 시간) = 36분

⑤ 1층에 도착한 제이는 3분 쉰 후 본인의 집인 8층까지 7개의 층을 올라갑니다. 따라서 제이가 걸린 총시간은 다음과 같습니다.
36분(2회 왕복하는 데 걸리는 시간) + 3분(1층에서 쉬는 시간) + 3분 30초(1층에서 8층까지 올라가는 시간) = 42분 30초 (정답)

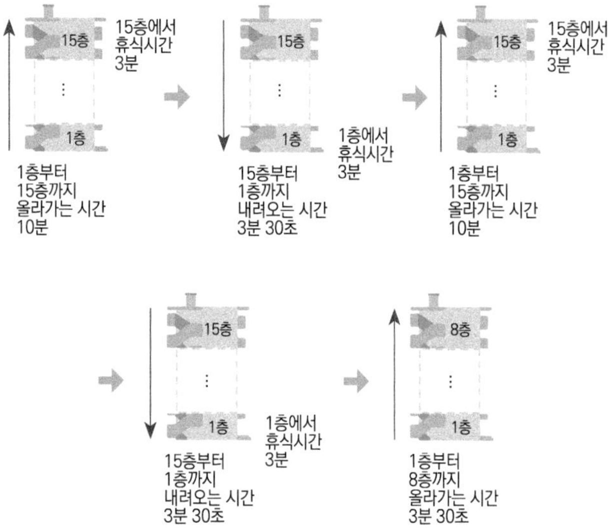

창의적문제해결수학 **01** .... P. 94

[정답] 풀이 과정 참조

[풀이 과정]

① 그림과 같이 오각별을 그린 후 선분끼리 만나는 지점에 나무를 심습니다. 모든 선분 위에 나무가 4그루씩 심어집니다.

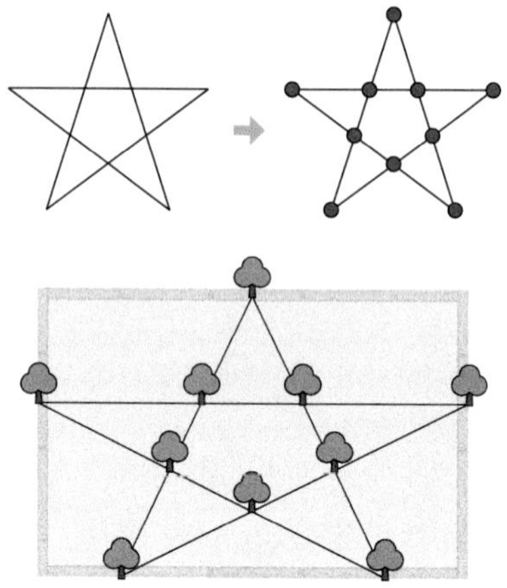

(정답)

창의적문제해결수학 **02** .... P. 95

[정답] 상상이, 알알이

[풀이 과정]

① 무우와 제이는 400m를 가는 데 10분씩 걸립니다.
4800 ÷ 400 = 48 ÷ 4 = 12이므로 무우와 제이가 4,800m를 걸어가는 데 걸리는 시간은 12 × 10 = 120분입니다.
4,800m를 400m 구간으로 나누면 중간에 쉬는 시간은 총 11번 생깁니다. 무우와 제이가 총 쉬는 시간은 5 × 11 = 55분입니다.
무우와 제이가 정상에 도착할 때까지 걸리는 총 시간은 120 + 55 = 175분 = 2시간 55분이고 3시에 출발했으므로 도착 시간은 5시 55분입니다.

② 상상이와 알알이는 무우와 제이에 비해 2배 느리게 걸으므로 400m를 가는 데 20분씩 걸립니다.
4800 ÷ 400 = 48 ÷ 4 = 12이므로 상상이와 알알이가 4,800m를 걸어가는 데 걸리는 시간은 12 × 20 = 240분입니다.
4800 ÷ 1600 = 3이므로 4,800m를 1,600m 구간으로 나누면 중간에 쉬는 시간은 총 2번 생깁니다. 상상이와 알알이가 총 쉬는 시간은 5 × 2 = 10분입니다.
상상이와 알알이가 정상에 도착할 때까지 걸리는 시간은 240 + 10 = 250분 = 4시간 10분이고 3시에 출발했으므로 도착시간은 7시 10분입니다.

③ 일몰 시간은 6시 30분이므로 5시 55분에 도착한 무우와 제이는 일몰을 볼 수 있고 7시 10분에 도착한 상상이와 알알이는 일몰을 보지 못했습니다. (정답)

6. 배수의 활용

대표문제 1 확인하기 1 ····· P. 101

[정답] 남자 선생님 : 18명, 여자 선생님 : 54명

[풀이 과정]

① 여자 선생님의 수와 남자 선생님의 수를 합하면 72입니다.

② 여자 선생님의 수는 남자 선생님의 수의 3배입니다.
여자 선생님의 수와 남자 선생님의 수를 그림으로 나타내면 다음과 같습니다.

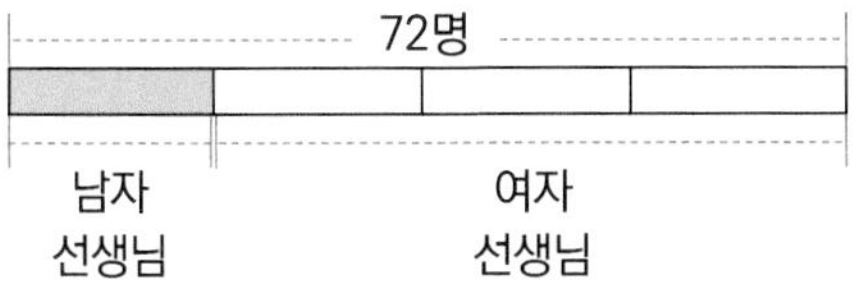

③ 두 수의 합 = 작은 수 × (곱한 수 + 1)이므로
72 = 작은 수 × (3 + 1)입니다.
따라서 작은 수(남자 선생님의 수) = 18명입니다.

④ 따라서 무우가 다니는 초등학교에 남자 선생님은 18명, 여자 선생님은 54명이 있습니다. (정답)

대표문제 1 확인하기 2 ····· P. 101

[정답] 남학생 : 580명, 여학생 : 1,190명

[풀이 과정]

① 초등학교의 학생 수는 1,770명입니다.

② 여학생의 수는 남학생의 수의 2배보다 30명 더 많습니다. 이를 그림으로 나타내면 다음과 같습니다.

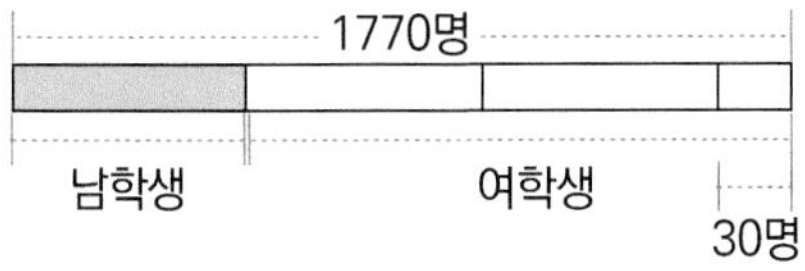

③ 전체에서 30명을 빼고 생각하도록 합니다. 그러면 전체 학생 수는 1,740명이고 여학생의 수는 남학생의 수의 2배입니다.
두 수의 합 = 작은 수 × (곱한 수 + 1)이므로
1740 = 작은 수 × (2 + 1)입니다.
따라서 작은 수(남학생의 수) = 580명입니다.

④ 따라서 남학생은 580명, 여학생은
580 × 2 + 30 = 1,190명입니다. (정답)

대표문제 2 확인하기 1 ····· P. 103

[정답] 어머니 : 174개, 무우 : 58개

[풀이 과정]

① 어머니가 만든 송편의 개수는 무우가 만든 송편의 개수의 3배이고 차이는 116개입니다. 이를 그림으로 나타내면 다음과 같습니다.

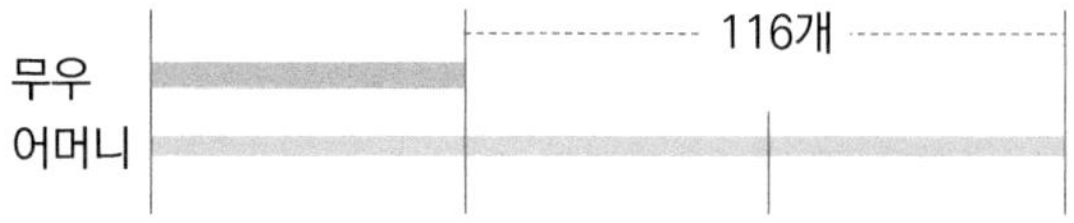

② 두 수의 차인 116은 작은 수 × (곱한 수 − 1)이므로
116 = 작은 수(무우가 만든 송편 수) × (3 − 1)입니다.
따라서 작은 수(무우가 만든 송편 수) = 58개입니다.

③ 따라서 어머니가 만든 송편의 수는 58 × 3 = 174개, 무우가 만든 송편의 수는 58개입니다. (정답)

대표문제 2 확인하기 2 ····· P. 103

[정답] 장난감 A : 7,200원, 장난감 B : 50,400원

[풀이 과정]

① 장난감 B의 가격은 A의 가격의 7배이고 가격 차이는 43,200원입니다. 이를 그림으로 나타내면 다음과 같습니다.

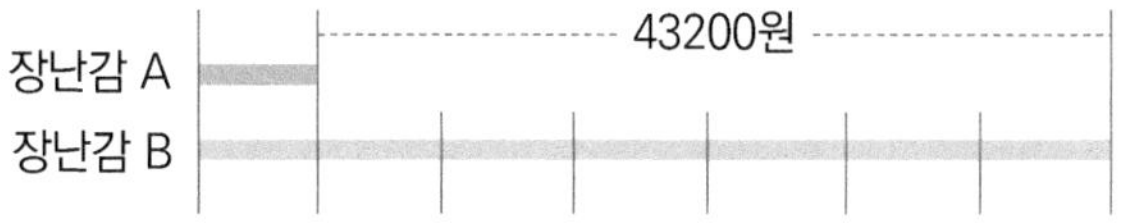

② 두 가격의 차인 43200은 작은 수 × (7 − 1)이므로
43,200 = 작은 수(장난감 A의 가격) × (7 − 1)입니다.
따라서 작은 수(장난감 A의 가격) = 7,200원입니다.

③ 따라서 장난감 A의 가격은 7,200원, 장난감 B의 가격은 7200 × 7 = 50,400원입니다. (정답)

연습문제 01 P. 104

[정답] A = 470, B = 47

[풀이 과정]

① A의 일의 자리 수인 0을 지우면 B가 되므로 B × 10 = A 입니다. A는 B의 10배입니다. A, B의 차가 423이므로 그림으로 표현하면 다음과 같습니다.

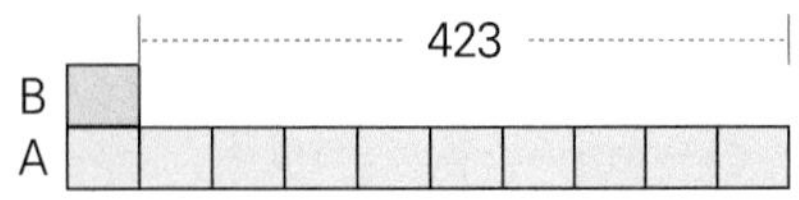

② 두 수의 차인 423은 작은 수 × (10 - 1)이므로 423 = 작은수(B) × (10 - 1)입니다. 작은수(B) = 47입니다.

③ 따라서 A = 47 × 10 = 470, B = 47입니다. (정답)

연습문제 02 P. 104

[정답] 무우 : 19마리, 상상이 : 8마리

[풀이 과정]

① 두 사람이 잡은 물고기는 총 27마리입니다. 무우는 상상이의 2배보다 3마리 더 잡았으므로 그림으로 표현하면 다음과 같습니다.

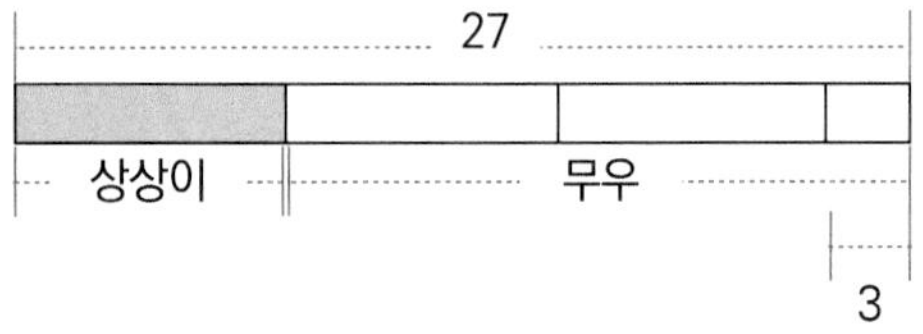

② 전체에서 3마리를 빼고 생각하면 무우가 잡은 물고기의 수는 상상이가 잡은 물고기 수의 2배입니다.
두 수의 합 = 작은 수 × (2 + 1)이므로
24 = 작은 수(상상이가 잡은 물고기 수) × (2 + 1)이고
작은 수(상상이가 잡은 물고기 수) = 8마리입니다.

③ 따라서 무우는 8 × 2 + 3 = 19마리, 상상이는 8마리를 잡았습니다. (정답)

연습문제 03 P. 105

[정답] 50원짜리 동전 20개, 100원짜리 동전 5개

[풀이 과정]

① 100원짜리 동전들을 50원짜리 동전으로 바꾼 후의 총 동전의 개수가 25개였습니다. 원래 있던 동전의 개수의 2배보다 5개가 적은 수이므로 바꾸기 전 제이가 가지고 있던 100원짜리 동전의 개수는 15개입니다.

② 100 = 50 × 2이므로 100원짜리 동전 1개를 50원짜리 동전으로 바꾸면 총 동전의 개수는 1개가 늘어납니다.
동전을 바꾼 후 총 동전의 개수가 10개가 늘어났으므로 총 10개의 100원짜리 동전이 50원짜리 동전 20개로 바뀝니다.

③ 따라서 동전을 바꾼 후 제이는 100원짜리 동전 15 - 10 = 5개, 50원짜리 동전 2 × 10 = 20개를 가지고 있습니다. (정답)

연습문제 04 P. 105

[정답] 36L

[풀이 과정]

① 같은 양의 물이 들어있는 A, B에서 각각 22L, 8L를 버렸을 때, B에 남아있는 물의 양이 A에 남아있는 물의 양의 2배였습니다. 그림으로 나타내면 다음과 같습니다.

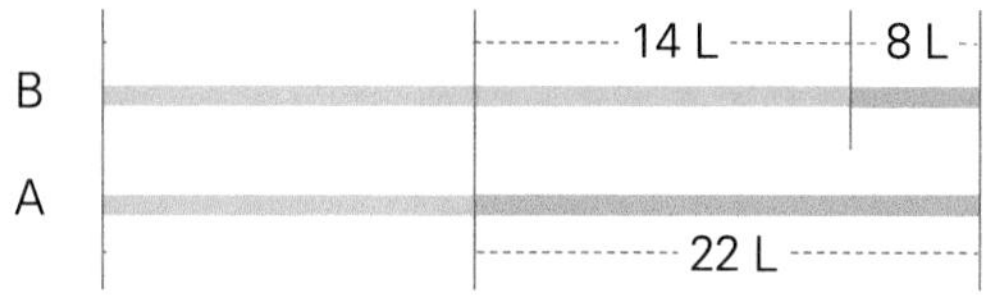

② 그림에서 B의 절반이 14L이므로 B에는 28L의 물이 남아있습니다. B에 남아있는 물의 양은 A에 남아있는 물의 양의 2배이므로 A에는 28 ÷ 2 = 14L의 물이 남아있습니다.

③ 따라서 물을 버리기 전 물통 A, B에 들어있던 물의 양은 28 + 8 = 14 + 22 = 36L입니다. (정답)

연습문제 05 ········· P. 105

[정답] (A조:10명), (B조:40명), (C조:21명), (D조:17명)

[풀이 과정]

① 학생은 총 88명입니다.
A 조의 인원수를 2배한 값은 B 조의 인원수의 절반과 같고, C 조의 인원수보다 1명이 적었으며, D 조의 인원수보다 3명이 많았습니다. A 조의 인원수를 ★라 하고 그림으로 표현하면 다음과 같습니다.

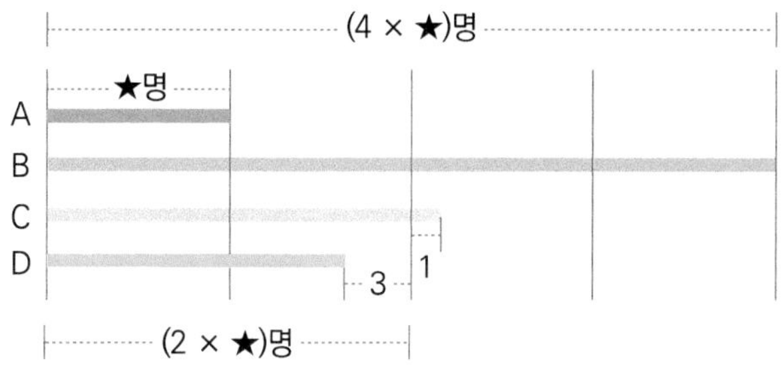

② A 조의 인원수인 ★명, B 조의 인원수인 (4 × ★) 명, C 조의 인원수인 (2 × ★ + 1) 명, D 조의 인원수인 (2 × ★ − 3) 명을 모두 합한 값은 88명입니다.
★ + (4 × ★) + (2 × ★ + 1) + (2 × ★ − 3) = 88
계산하면 9 × ★ = 90이므로 ★ = 10입니다.

③ 따라서 88명의 학생은 A 조에 10명, B 조에 40명, C 조에 21명, D 조에 17명 있습니다. (정답)

연습문제 06 ········· P. 106

[정답] 50원 동전 8개, 100원 동전 33개

[풀이 과정]

① 100원짜리 동전의 개수는 50원짜리 동전의 개수의 5배보다 7개가 적고, 3배보다 9개가 많습니다. 50원짜리 동전의 개수를 ★개라고 하고 그림으로 표현하면 다음과 같습니다.

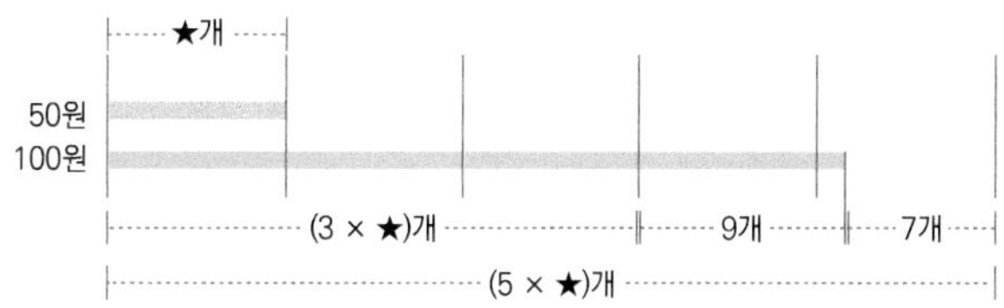

② 그림에서 봤을 때, (2 × ★) = 16이라는 것을 알 수 있습니다. 따라서 ★ = 8입니다.

③ 따라서 무우의 동전 지갑에는 50원짜리 동전은 8개, 100원짜리 동전은 8 × 5 − 7 = 8 × 3 + 9 = 33개가 있습니다. (정답)

연습문제 07 ········· P. 106

[정답] 1단 70권, 2단 80권

[풀이 과정]

① 1단에 꽂혀있는 책 중 34권, 2단에 꽂혀있는 책 중 12권 총 46권의 책이 대출 중인 상태이므로 현재 책장에 꽂혀있는 책은 총 150 − 46 = 104권입니다. 1단에 남아있는 책의 수를 ★권이라고 하고 그림으로 나타내면 다음과 같습니다.

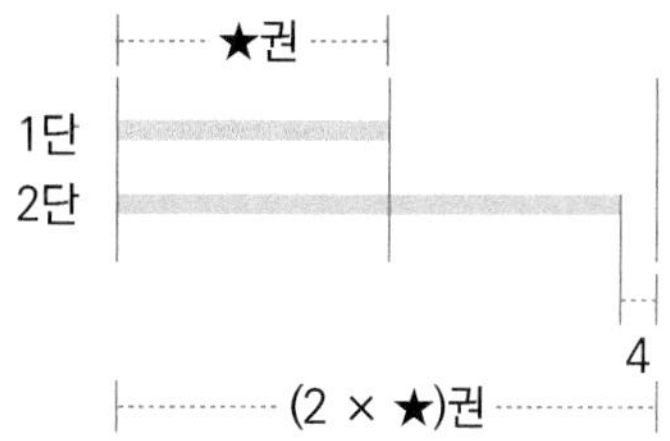

② ★ + (2 × ★ − 4) = 104이므로 3 × ★ = 108이고
★ = 36권입니다. 현재 1단에는 36권, 2단에는
36 × 2 − 4 = 68권의 책이 남아있습니다.

③ 1단에 꽂혀있는 책 중 34권, 2단에 꽂혀있는 책 중 12권의 책이 대출 중이므로 책들이 대출되기 전에는 1단에는 36 + 34 = 70권, 2단에는 68 + 12 = 80권의 책이 꽂혀 있었습니다. (정답)

연습문제 08 ········· P. 107

[정답] 10살

[풀이 과정]

① (B와 C의 나이의 합)과 (A와 D의 나이의 합)으로 묶어서 생각합니다. 네 명의 나이를 모두 합하면 50입니다.

② (B와 C의 나이의 합)은 (A와 D의 나이의 합)보다 4 만큼 더 큽니다. 그림으로 나타내면 다음과 같습니다.

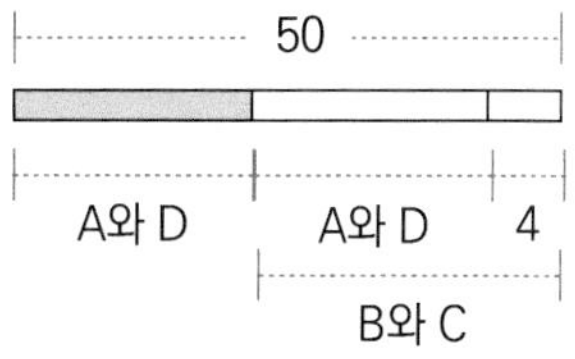

③ 그림에서 봤을 때, 50에서 4 만큼 뺀 후 절반으로 나누면 (A와 D의 나이의 합)이 됩니다.
(A와 D의 나이의 합) = (50 − 4) ÷ 2 = 23입니다.
(B와 C의 나이의 합) = 23 + 4 = 27이 되고 B는 17살이므로 C는 10살입니다. (정답)

연습문제 09 P. 107

[정답] 4학년 137권, 5학년 273권, 6학년 420권

[풀이 과정]

① 4학년이 받은 공책의 권수를 ★라고 하고 4, 5, 6학년이 받은 공책의 권수를 그림으로 나타내면 다음과 같습니다.

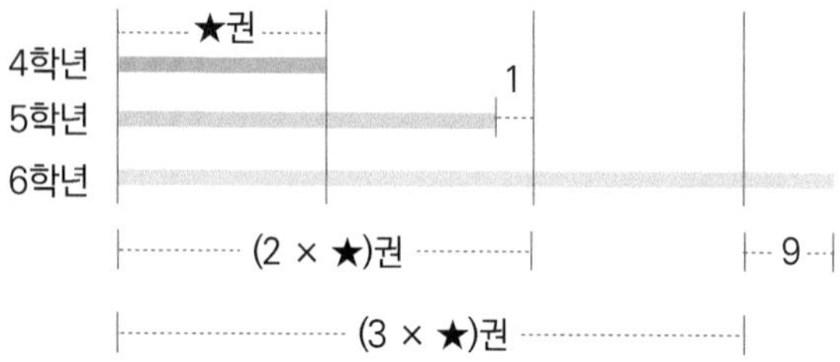

② 그림에 따라 4학년은 ★권, 5학년은 (2 × ★ − 1)권, 6학년은 (3 × ★ + 9)권을 받았습니다. 모든 학년이 받은 공책은 총 830권이므로 식은 다음과 같습니다.
★ + (2 × ★ − 1) + (3 × ★ + 9) = 830
계산하면 6 × ★ = 822이므로 ★ = 137권입니다.

③ 따라서 4학년은 137권, 5학년은 2 × 137 − 1 = 273권, 6학년은 3 × 137 + 9 = 420권을 상품으로 받았습니다. (정답)

심화문제 01 P. 108

[정답] 2시간

[풀이 과정]

① A 호스로 1시간에 빼내는 물의 양을 ★, B 호스로 1시간에 빼내는 물의 양을 ☆이라고 합니다.
가득 찬 물탱크를 (A 호스로 4시간, B 호스로 1시간) 또는 (A 호스로 2시간, B 호스로 2시간)으로 모두 빼낼 수 있으므로 가득 찬 물탱크에 들어있는 물의 양은 (4 × ★ + ☆), (2 × ★ + 2 × ☆)입니다.

② 4 × ★ + ☆ = 2 × ★ + 2 × ☆ 이므로 2 × ★ = ☆ 입니다. B 호스가 A 호스보다 같은 시간 동안 2배만큼 더 많은 양의 물을 빼냅니다.

③ 가득 찬 물탱크에 들어있는 물의 양은 4 × ★ + ☆ = 2 × ★ + 2 × ☆ = 6 × ★입니다.
A 호스와 B 호스를 동시에 이용하면 1시간에 ☆ + ★ = 3 × ★ 만큼의 물을 빼낼 수 있습니다.
2 × (3 × ★) = 6 × ★ 이므로 가득 찬 물탱크에 들어있는 물을 A 호스와 B 호스를 동시에 이용해서 빼내면 총 2시간 만에 모든 물을 빼낼 수 있습니다. (정답)

심화문제 02 P. 108

[정답] 과자 A : 5,600원, 과자 B : 8,400원

[풀이 과정]

① 과자 A보다 과자 B를 3배만큼 더 샀으므로 구매한 개수를 그림으로 표현하면 다음과 같습니다.

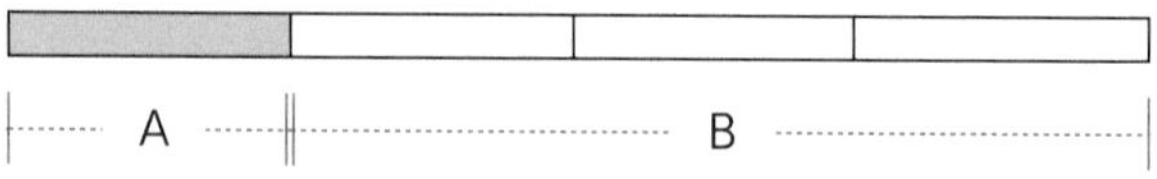

② 과자 A는 과자 B의 가격의 2배이므로 1개의 ▬를 ▭ 2개로 생각해 가격을 그림으로 표현하면 다음과 같습니다.

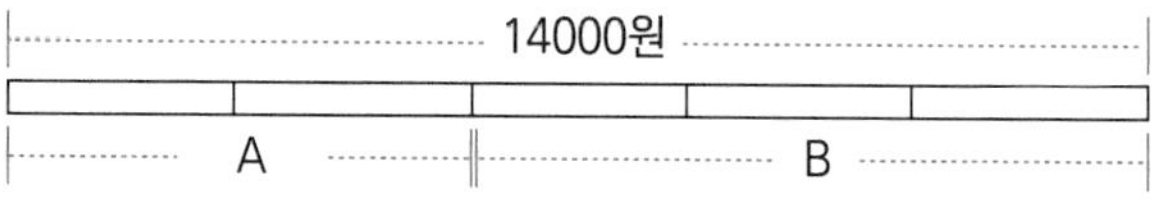

③ 5개의 ▭가 14000원이므로 1개의 ▭는 14000 ÷ 5 = 2800원입니다.
따라서 과자 A보다 과자 B를 3배만큼 더 사서 총 14000원이라면 과자 A는 2800 × 2 = 5600원, 과자 B는 2800 × 3 = 8400원만큼 샀습니다. (정답)

심화문제 03 ······ P. 109

[정답] 70

[풀이 과정]

① B에 들어있는 구슬의 개수를 ★개라고 하고 각 주머니에 들어있는 구슬의 개수를 그림으로 나타내면 다음과 같습니다.

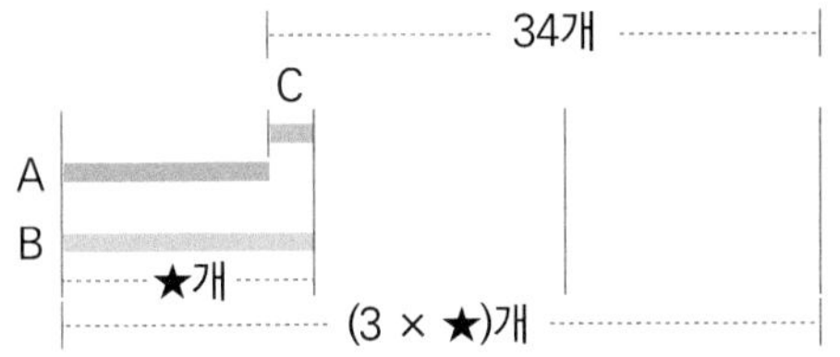

② 그림에 따라 세 주머니에 들어있는 구슬의 총개수는 (2 × ★) 개입니다. A에 들어있는 구슬의 개수는 (3 × ★ − 34) 개입니다. 이것은 0보다 크므로 ★은 11보다 큰 수입니다.
★ = 12, 13, 14, 15, 16, ...
하지만 ★가 17보다 큰 수가 되면 A 주머니에 들어있는 구슬의 개수가 B 주머니에 들어있는 구슬의 개수와 같거나 많아지므로 조건에 맞지 않습니다.

③ 따라서 B 주머니에 들어있는 구슬의 개수로 알맞은 값은 12, 13, 14, 15, 16이고 이들의 합은 70입니다. (정답)

심화문제 04 ······ P. 109

[정답] 120분

[풀이 과정]

① 같은 지점에서 서로 다른 방향으로 출발하면 무우와 상상이가 처음으로 만날 때까지 걸은 거리의 합은 호수의 둘레와 같습니다. 무우의 속도는 상상이의 속도의 2배이므로 2배만큼의 거리를 걸어가고 그림으로 나타내면 다음과 같습니다.

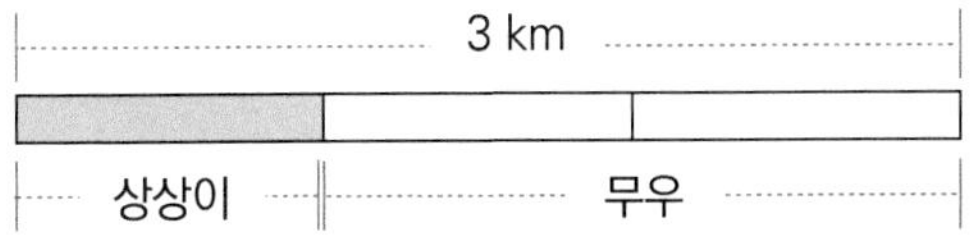

② 동시에 출발한 후 40분 뒤에 처음으로 만나고 이때까지 무우는 2km, 상상이는 1km를 걸어왔습니다. 무우는 40분마다 상상이보다 1km씩 더 걸어갑니다.

③ 같은 지점에서 서로 같은 방향으로 동시에 출발하면 한 바퀴를 따라잡아야 처음으로 만납니다. 호수의 둘레는 3km이므로 무우가 상상이보다 3km만큼 더 걸어야 따라잡습니다. 무우는 40분마다 상상이보다 1km씩 더 걸어가므로 3km만큼 더 걷기 위해서 총 40 × 3 = 120분이 걸립니다. (정답)

창의적문제해결수학 01 ······ P. 110

[정답] 무우 13살, 아버지 41살

[풀이 과정]

① 현재로부터 6년 전 아버지의 나이는 무우의 나이의 5배였고 내년에는 아버지의 나이는 무우의 나이의 3배입니다.
6년 전의 무우의 나이를 ★라고 하면 아버지의 나이는 (5 × ★)입니다.

② 6년 전부터 내년까지는 각각 7살씩 많아지게 되므로 내년에 무우의 나이는 (★ + 7)이고 아버지의 나이는 (5 × ★ + 7)입니다. 아버지의 나이는 무우의 나이의 3배이므로 식은 다음과 같습니다.
3 × (★ + 7) = 3 × ★ + 21 = 5 × ★ + 7

③ ★ = 7입니다. 6년 전의 나이이므로 현재의 무우의 나이는 7 + 6 = 13살입니다.
내년에는 무우는 14살이고 아버지는 14살의 3배이므로 42살입니다. 따라서 현재의 아버지는 42 − 1 = 41살입니다. (정답)

창의적문제해결수학 02 ······ P. 111

[정답] 1,200m

[풀이 과정]

① 동굴의 깊이는 1,500m이므로 동굴에 들어갔다가 나올 때까지 일행들이 걸은 총거리는 1500 × 2 = 3,000m입니다. 일행들은 3,000m를 70분이 걸려서 걸었습니다.

② 모든 거리를 1분에 60m의 속도로 걸었다면 70분 동안 총 60 × 70 = 4,200m를 걸어갈 수 있습니다. 일행들이 실제로 걸은 거리와 총 1,200m만큼 차이가 납니다.

③ 손전등에 문제가 생긴 후에는 절반의 속도로 걸어 나왔으므로 1분에 30m만큼 덜 갑니다. 1200 ÷ 30 = 40이므로 총 40분만큼은 절반의 속도로 걸어 나왔습니다.

④ 일행들은 30분은 1분에 60m의 속도로 걸어가다가 손전등이 고장 난 후 1분에 30m의 속도로 40분 동안 걸어서 동굴을 나옵니다.

⑤ 알알이와 제이의 손전등에 문제가 생긴 후 걸은 거리는 30 × 40 = 1,200m입니다. (정답)

MEMO

영재들의 수학여행
Math Travel

창의영재수학

아이앤아이

창의영재수학

아이앤아이

무한상상 교재 활용법

무한상상은 상상이 현실이 되는 차별화된 창의교육을 만들어갑니다.

아이앤아이 시리즈

특목고, 영재교육원 대비서

	아이앤아이 영재들의 수학여행	아이앤아이 꾸러미	아이앤아이 꾸러미 120제	아이앤아이 꾸러미 48제	아이앤아이 꾸러미 과학대회	창의력과학 아이앤아이 I&I
	수학 (단계별 영재교육)	수학, 과학	수학, 과학	수학, 과학	과학	과학
6세~초1	출시 예정 수, 연산, 도형, 측정, 규칙, 문제해결력, 워크북 (7권)					
초 1~3	 수와 연산, 도형, 측정, 규칙, 자료와 가능성, 문제해결력, 워크북 (7권)		 수학, 과학 (2권)	 수학, 과학 (2권)		
초 3~5	 수와 연산, 도형, 측정, 규칙, 자료와 가능성, 문제해결력 (6권)					
초 4~6	출시 예정 수와 연산, 도형, 측정, 규칙, 자료와 가능성, 문제해결력 (6권)				과학토론 대회, 과학산출물 대회, 발명품 대회 등 대회 출전 노하우	
초 6						
중등	출시 예정 수와 연산, 도형, 측정, 규칙, 자료와 가능성, 문제해결력 (6권)		 수학, 과학 (2권)	 수학, 과학 (2권)		 물리(상,하), 화학(상,하), 생명과학(상,하), 지구과학(상,하) (8권)
고등					과학토론 대회, 과학산출물 대회, 발명품 대회 등 대회 출전 노하우	